地方畜禽优良品种生产实用技术丛书

宣汉黄牛生产技术与综合实训

总主编　孙玉龙
主　编　何　博　邓希海　石长庚

西南交通大学出版社
·成都·

图书在版编目（CIP）数据

宣汉黄牛生产技术与综合实训 / 何博，邓希海，石长庚主编. —成都：西南交通大学出版社，2014.8
（地方畜禽优良品种生产实用技术丛书）
ISBN 978-7-5643-3292-1

Ⅰ. 宣… Ⅱ. ①何… ②邓… ③石… Ⅲ. ①黄牛－养牛学 Ⅳ. ①S823.8

中国版本图书馆 CIP 数据核字（2014）第 191930 号

地方畜禽优良品种生产实用技术丛书

宣汉黄牛生产技术与综合实训

主编 何博 邓希海 石长庚

责任编辑	牛 君
封面设计	墨创文化
出版发行	西南交通大学出版社 （四川省成都市金牛区交大路 146 号）
发行部电话	028-87600564　028-87600533
邮政编码	610031
网　址	http://www.xnjdcbs.com
印　刷	成都中铁二局永经堂印务有限责任公司
成品尺寸	185 mm×260 mm
印　张	13
字　数	320 千字
版　次	2014 年 8 月第 1 版
印　次	2014 年 8 月第 1 次
书　号	ISBN 978-7-5643-3292-1
定　价	29.80 元

图书如有印装质量问题　本社负责退换

版权所有　盗版必究　举报电话：028-87600562

"地方畜禽优良品种生产实用技术丛书"
编委会

主　审　杨大荣（达州职业技术学院）

总主编　孙玉龙（达州职业技术学院）

《宣汉黄牛生产技术与综合实训》
编委会

主　编　何　博（达州职业技术学院）
　　　　　　邓希海（达州职业技术学院）
　　　　　　石长庚（宣汉县畜牧食品局）
副主编　刘　莉（达州职业技术学院）
　　　　　　陈　尧（达州职业技术学院）
　　　　　　杨　磊（达州职业技术学院）
　　　　　　龙学军（达州职业技术学院）
编　委　王怀彦（达州市畜牧食品局）
　　　　　　胡明尧（达州市畜牧食品局）
　　　　　　王家勇（达州市畜牧食品局）
　　　　　　彭代明（达州市畜牧食品局）
　　　　　　鲁登州（宣汉县畜牧食品局）
　　　　　　唐存雄（达州职业技术学院）
　　　　　　郑淑容（达州职业技术学院）
　　　　　　李　平（达州职业技术学院）
　　　　　　周家炳（达州职业技术学院）
　　　　　　张　婷（达州职业技术学院）
　　　　　　苟　倩（达州职业技术学院）
　　　　　　刘小可（达州职业技术学院）
　　　　　　赵益元（宣汉县畜牧食品局）
　　　　　　赵仕义（宣汉县畜牧食品局）
　　　　　　桂　成（宣汉县畜牧食品局）

前 言

在职业教育改革实践中，为走特色发展之路，学院组织相关人员，编写了立足当地、为地方经济服务、为当地畜牧业服务的特色教材，实现了地方畜禽优良品种进教材、进课堂。"宣汉黄牛生产技术与综合实训"就是首先开发的专业特色课程之一。

课程组根据地方特色养殖的需要，自行开发了《宣汉黄牛生产技术与综合实训》校本教材。本教材紧密围绕当地优良牛品种的养殖实践进行编写，本着科学性、针对性、实用性的原则，突出理论与实践的结合。通过本课程的学习，要求学生掌握地方优良牛品种的品种改良、良种繁育、养殖生产及牛场经营管理等相关知识。

在本教材编写过程中，参阅了国内众多学者的著作和论文，在此表示诚挚的谢意。

由于编者水平所限，书中的错误和不足之处，恳请同仁和读者批评指正，以便修改完善。

编　者

2014 年 5 月

目 录

第一部分 学习情景

学习情景一 品种介绍及品种改良 ……………………………………………… 3
  项目一 宣汉黄牛品种认识 ……………………………………………………… 3
    任务一 宣汉黄牛品种介绍 …………………………………………………… 3
    任务二 牛的外形选择 ………………………………………………………… 5
    任务三 牛的年龄鉴定 ………………………………………………………… 9
    任务四 牛的体尺测量 ………………………………………………………… 12
  项目二 宣汉黄牛的品种改良 …………………………………………………… 15
    任务一 黄牛品种改良的方法 ………………………………………………… 15
    任务二 宣汉黄牛的品种改良 ………………………………………………… 18

学习情景二 牛的繁殖技术 ……………………………………………………… 22
  项目一 牛的繁殖规律 …………………………………………………………… 22
    任务一 母牛的发情生理 ……………………………………………………… 22
    任务二 妊娠与分娩 …………………………………………………………… 26
  项目二 人工控制繁殖技术 ……………………………………………………… 28
    任务一 发情鉴定与配种 ……………………………………………………… 29
    任务二 妊娠诊断与接产 ……………………………………………………… 32
    任务三 牛繁殖新技术 ………………………………………………………… 35
    任务四 提高繁殖力的措施 …………………………………………………… 39

学习情景三 牛的营养与饲料 …………………………………………………… 44
  项目一 牛的消化特性与营养需要 ……………………………………………… 44
    任务一 牛的采食特点与消化特性 …………………………………………… 44
    任务二 牛的营养需要 ………………………………………………………… 46
  项目二 牛常用饲料的特性及合理利用 ………………………………………… 48
    任务一 牛常用饲料的特性 …………………………………………………… 48
    任务二 牛饲料的加工调制 …………………………………………………… 51

学习情景四 奶牛生产技术 ……………………………………………………… 57
  项目一 奶牛的生产性能 ………………………………………………………… 57

任务一　奶牛生产性能评定 57
　　任务二　影响产乳性能的因素 60
　项目二　乳用犊牛的饲养管理 64
　　任务一　犊牛哺乳期的饲养管理 64
　　任务二　犊牛断奶期的饲养管理 71
　项目三　育成牛的饲养管理 73
　项目四　成年奶牛的饲养管理 76
　　任务一　成年奶牛的常规饲养管理 76
　　任务二　奶牛全混合日粮（TMR）饲养技术 82
　　任务三　成年奶牛各阶段饲养管理要点 84
　　任务四　初产奶牛与高产奶牛的饲养管理 88

学习情景五　肉用牛生产技术 92
　项目一　肉牛的生产性能 92
　　任务一　肉牛的生长发育规律 92
　　任务二　肉牛生产力评定 95
　　任务三　影响牛的肉用性能的因素 98
　项目二　肉用牛的饲养管理 100
　　任务一　肉用犊牛的饲养管理 101
　　任务二　育成牛的饲养管理 104
　　任务三　繁殖母牛的饲养管理 107
　　任务四　肉牛的放牧技术 109
　项目三　肉牛肥育技术 112
　　任务一　肉牛肥育的基本方法 112
　　任务二　犊牛肉生产 116
　　任务三　架子牛肥育 118
　　任务四　老龄牛肥育 121
　　任务五　提高肉牛肥育效果的技术措施 122

学习情景六　牛场建设与环境控制 126
　项目一　牛场建设 126
　　任务一　牛场选址与规划建设 126
　　任务二　牛场设施建设 128
　项目二　牛场环境控制 138

学习情景七　牛场经营管理 143
　　任务一　组织、制度管理 143
　　任务二　牛场生产计划 148
　　任务三　牛的产业化经营 154

学习情景八 牛产品的初加工技术················156
项目一 牛乳制品初加工················156
   任务一 牛乳品质检测技术理论基础················156
   任务二 鲜乳的收纳、贮存与运输················160
项目二 牛肉初加工技术················163
   任务一 牛肉的基础知识················163
   任务二 牛肉初加工技术················167

第二部分 实验实训

实训一 牛体表各部位的识别及牛的外貌鉴定················175
实训二 牛的发情鉴定及输精技术················176
实训三 早期妊娠诊断技术················179
实训四 青贮饲料、氨化秸秆、微贮秸秆的制作与品质评定················180
实训五 牛乳密度及乳脂率的测定················181
实训六 泌乳曲线的绘制················184
实训七 犊牛培育方案拟订················188
实训八 挤乳操作技术（手工挤乳、机器挤乳）················189
实训九 奶牛修蹄与蹄浴················190
实训十 肉牛膘情评定················191
实训十一 牛场饲料供应计划制订················193

附录················197
   附录Ⅰ 宣汉黄牛鉴定标准················195
   附录Ⅱ 蜀宣花牛················197

参考文献················198

第一部分

学习情景

学习情景一　品种介绍及品种改良

项目一　宣汉黄牛品种认识

【知识目标】

（1）了解宣汉黄牛的主要优缺点；
（2）能正确识别牛体表各部位；
（3）熟悉牛的年龄鉴定及体尺测量的理论知识。

【技能目标】

（1）能正确识别牛的体表部位；
（2）能正确进行牛的体尺测量、体重估测、年龄鉴定。

任务一　宣汉黄牛品种介绍

黄牛是中国固有的普通牛种，其饲养数量在大家畜或牛类中均居首位，饲养地区几乎遍布全国。在农区主要作役用，半农半牧区役乳兼用，牧区则乳肉兼用。黄牛被毛以黄色为最多，品种可能因此而得名，但也有红棕色和黑色等。黄牛一般头部略粗重，角形不一，角根圆形，体质粗壮，结构紧凑，肌肉发达，四肢强健，蹄质坚实。

黄牛体形和性能因自然环境和饲养条件不同而有差异，《中国黄牛志》按地理分布区域将中国黄牛分为3大类型：北方黄牛、中原黄牛和南方黄牛。北方黄牛中比较重要的有：延边牛、蒙古牛、复州牛、哈萨克牛等；中原黄牛中比较重要的有：秦川牛、南阳牛、晋南牛、鲁西牛、渤海黑牛等；南方黄牛中比较重要的有：雷琼牛、温岭高峰牛、云南高峰牛、巴山牛（宣汉牛）、巫陵牛、盘江牛等。

巴山牛为原产于四川境内的宣汉牛、湖北境内的庙垭牛和陕西境内的秦巴牛，因都在巴山山脉，因此统称为巴山牛。巴山牛具有南方山地瘤牛特点。

一、宣汉黄牛的原产地、分布及形成简史

宣汉黄牛主产于大巴山南侧的宣汉、通江等县。据1981年统计，宣汉黄牛有381 120头，

分布在达县、开江、万源、南江、巴中、平昌、开县、城口等县和白沙工农区。

宣汉黄牛有着悠久的历史，早在公元前221年的秦代，人们就开始饲养。经世世代代人工培育和自然筛选，宣汉黄牛成为一个役肉型优良牛种。宣汉黄牛以自然放牧为主，很少有疫病发生，以毛质细软、体躯紧凑、动作灵活、性情温驯、耕挽力强、耐艰苦、耐粗饲料而深受农民喜爱。肉质细嫩，味道鲜美，为生产牛肉制品的优质原料；皮质紧密，毛孔细小，坚韧耐拉，富有弹性，是皮革制品的优质原料。1980年，四川省制订了宣汉黄牛选种标准和纯繁选育实施方案，宣汉黄牛被列为四川省优良地方品种，并载入《中国牛种志》和《世界牛种志》。

二、宣汉黄牛的外貌特征

宣汉黄牛体躯细致紧凑，头直，面部平整。公牛头雄壮、较宽，母牛头清秀；角质细致紧密，角型多样，以角尖向上向前弯曲的"照阳角"为主，也有"八字角""芋头角""弯角"等；颈长适中，颈肩结合良好，垂皮发达，母牛颈略显细长；前躯发育良好，胸深，公牛肩峰隆起；中躯较短，结实紧凑；背腰平直，腹圆大、不下垂；尻部较长，微斜，稍显尖削；骨骼细致结实，四肢细长，肢势端正，运步稳健；蹄叉紧，蹄质坚实，多为铁青色；皮薄、富有弹性，毛细、稀而短。毛色类型复杂，据1 075头牛统计：黄色占63.0%，褐色占7.3%，黑色占9.4%，黑黄色占14.5%，其他颜色占5.8%。

三、宣汉黄牛的生产性能

1. 产肉性能

用15月龄、平均体重①131.6 kg的阉牛进行肥育试验，在放牧加补饲的条件下肥育90 d（9～12月），平均体重168.3 kg，平均净增重36.7 kg，肥育期日增重407.3 g。增重1 kg活重耗混合精料3.5 kg。屠宰率52.5%，净肉率40.0%，肉骨比3.8∶1。胴体分割肉总重60.2 kg，其中优质切块重24.0 kg，占分割肉的39.8%，熟肉率59.8%。试验证明，宣汉黄牛产肉能力一般，但肉质良好，驰名省内外的达县"灯影牛肉"，即以宣汉黄牛肉为原料。据分析，9～11肋间肌肉（不含背最长肌）的营养成分是：水分70.2%，干物质29.8%，其中蛋白质18.7%，脂肪10.4%，灰分0.9%。

2. 役用性能

宣汉黄牛一般1.5～2岁开始调教使役，3～15岁役力最强。善于水田、旱地作业，也是产区运输的动力之一。宣汉黄牛耕作力较强，持久耐劳，使用铁铧木犁，营养良好的牛每天可犁干板田1～1.5亩（1亩=667 m²）、水田2～2.5亩、旱地2.5～3亩、耙水田5～6亩。每头耕牛年负担耕地面积15～20亩。

最大挽力：用体况中等以上成年牛测定，公牛平均体重338.3 kg，最大挽力平均292.9 kg，占体重的86.5%；母牛平均体重296.8 kg，最大挽力平均216.4 kg，占体重的72.9%；阉牛平

---

① 此处包括后文的增重、活重等，严格来说是指质量，但在现阶段畜牧业生产实际中一直沿用"重"一词，为使学生在以后的工作实践中尽快熟悉业务，本书予以保留。——编者注

均体重 393.7 kg，最大挽力平均 301.6 kg，占体重 76.6%，说明其挽力较强。

挽车：一般一头牛驾胶轮车，可载重 500～800 kg，在碎石公路上日行 25 km 左右。据测定，3 头牛共驾胶轮大车，载重 1.5～2.5 t，在碎石公路上日行 30 km，无不良表现。

3. 繁殖性能

宣汉黄牛母牛 12～14 月龄、公牛 18 月龄性成熟。母牛发情的季节性不强，一年四季均有发情现象，但春秋两季发情明显多于冬夏两季。发情周期 19～23 d，平均 22.2 d，发情持续期 27 h。初配年龄一般为公牛 24 月龄，母牛 18～24 月龄，妊娠期为 278～283 d，平均 281.2 d。在良好的饲养管理下，一般 3 年产 2 胎，少数 1 年 1 胎，终身产犊 8～12 头，平均 10 头。犊牛初生重：公犊平均（13.8±0.75）kg，母犊平均（15.6±0.70）kg。繁殖率 63%，犊牛育成率 98%。

任务二　牛的外形选择

一、外形选择的意义

（1）根据外形可鉴别牛的生产性能。外形与生产性能之间密切相关。外形良好的个体就有较高的生产性能。例如，乳房发达且结构好的牛，一般产奶量就高。

（2）根据外形可鉴别牛的健康及发育状况。健康的特征是：胸部宽深，背腰平直，骨骼结实，四肢强健，被毛光泽，皮肤松软，角蹄细嫩平滑，眼耳灵活，精神好。

（3）根据外形可鉴别牛的品种及遗传性。各种牛品种都有其品种特征，通过各个部位的形状和毛色可区别牛的品种，也可区别纯种和杂种；同时还可看出品种的遗传性稳定与否。

（4）根据外形可鉴定牛外形上的优缺点，作为选种、选配牛的依据。

二、牛体表各部位的名称

牛的整个体躯分为头颈部、前躯、中躯和后躯 4 部分，各部位具体名称如图 1.1.1 所示。

1. 头颈部

以鬐甲和肩端的连线与躯干分界，又分为头和颈两部分，头部以枕骨脊与颈部分界。

2. 前　躯

颈之后、肩胛骨后缘垂直切线之前，以前肢诸骨为基础的体表部位，包括鬐甲、前肢、胸等部位。

3. 中　躯

肩胛软骨后缘至腰角垂线之前的中间躯干段，主要包括背、腰、胸、腹等部位。

4. 后　躯

后躯是自腰角之后的体躯后部，是以骨盆、荐骨和后肢诸骨为基础的体表部位，包括尻部、臀部、乳房、生殖器官、后肢、尾等部位。

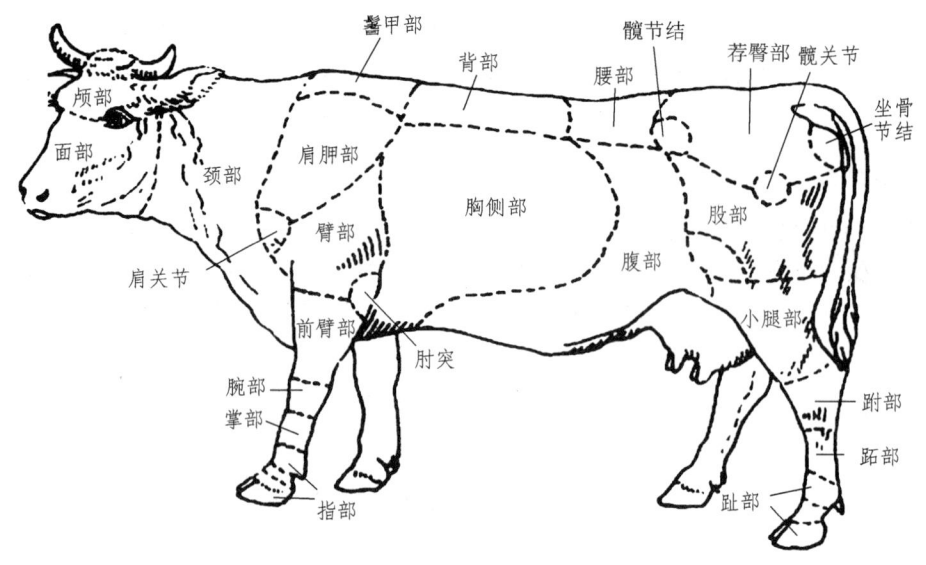

图 1.1.1　牛体表部位名称

三、肉牛的外形特点

1. 一般外形

肉牛全身肌肉丰满,体躯宽、深,呈长而圆形;背腰宽厚、胸深,对于前胸不像以前要求特别突出,肋骨弯曲,肌肉发达,背线、腹下线平行,腹部不大;头颈短宽,但颈不可太短,尻部、后大腿肌肉宽厚,向后延伸,从牛侧面看,后腿延伸到飞节成一圆弧,从牛后面看,背腰及尻部肌肉宽阔,尻下两侧特别突出,后档肌肉丰满,而无脂肪块和皮下脂肪,尾根也无脂肪块。

2. 头　颈

头宽,面部较短,两眼间要宽,角细嫩光滑;颈多肉,不像以前要求那样短,但要与肩、鬐甲接合平滑。

3. 前　躯

鬐甲宽圆、胸深宽,富有肌肉,除含瘤牛血的牛以外,无垂皮;胸与肩胛骨接合光滑,有的欧洲品种牛这里肌肉丰满;前肢正直,较长;两腿间距离宽,骨较细,关节分明。

4. 中　躯

背腰宽广平直,多肉,肋骨弯曲,腹部不宜过大。

5. 后　躯

尻部长宽多肉,尾根不可有脂肪块。最近发展趋势是后大腿肌内更加发达,向后向外肌肉特丰满,后大腿间距离宽,骨细,关节分明。

6. 皮肤和被毛

皮肤薄而柔软,富弹性;被毛细密而柔软,有光泽。

四、奶牛的外形特点

1. 一般外形

奶牛的头应秀小而较长；颈细长，垂肉不发达；胸深长而宽，鬐甲稍尖，背腰宽而直，腹部容量大，不下垂；体形舒张有棱角，臀部发育良好，较前躯发达；四肢较长，关节分明而结实；全身各部对称，连接良好。

2. 头　部

头轻而稍长，轮廓清晰，显出细致型，额宽而平，面静脉凸起良好，鼻镜宽，唇强大，眼大、干净隆起，温和而光亮，两眼间凹，角不大，质致密、光亮，两角形状一致、对称，耳中等大、柔软、灵活、喉部干净。

3. 颈　部

颈较长而薄，深度良好，有皱裂，与头肩结合好。

4. 鬐甲及肩部

略呈楔形，不宜丰满，两侧与前后各部连接良好，不可有肩后肩凹，肩附着良好。

5. 胸　部

宽而深，肋骨弯曲，肋间距离宽。

6. 背腰部

背应长宽而直，与腰连接良好；腰应宽而有力，与背部和臀部成一水平线，腰角要突出。

7. 腹　部

中躯要发育良好。腹部粗大是奶牛的特点之一，但腹不可下垂。

8. 尻　部

尻部要长而宽，腰角（髋结节）与坐骨结节要在一水平线上；坐骨间应宽，并应干净，髋股关节间要宽而高。

9. 四　肢

肢势端正，两肢间距离宽，四肢骨宜结实，但不宜粗糙。后大腿间肌肉不可太丰满，以免妨碍乳房发育。

10. 皮肤和被毛

被毛柔软、密生，富有光泽；皮薄，有一定弹性。

11. 乳　房

鉴别乳房时应注意其大小、形状、品质和附着的情况。良好的乳房有大的容积，前到腹部、后到两腿内侧而向后向上延伸,乳房附在骨盆上,不可下垂。乳房底部要平而宽,乳房的皮肤柔软而薄,被毛短、稀而薄,乳房静脉明显,腹下乳静脉发达,表现出粗而弯曲形状,乳井应大。乳头发育良好,大小适中,形呈圆柱形,乳头分布均匀,其间距离较宽。乳房应发育良好,富于弹性,挤奶前膨大,挤奶后收缩。

五、役用牛的外形特点

1. 一般外形

牛的体格要求高大粗壮,骨骼结实,肌肉发达,体躯长、宽而深,各部位发育匀称。前躯粗大,高于后躯,体躯各部结合良好。

2. 头部

头稍宽,长短适中。头稍重大,但不宜过大,头过大是不灵敏的表现,公牛头要有雄性,像"狮子头"。口大,口叉深;鼻孔大,鼻镜宽;口齿齐,不会歪斜,不高低不平;上下唇对齐,下腭发育良好;眼大而有神,耳薄灵活;两角大小、形状一致,角质致密,角适当粗一些,角粗骨骼也粗。

3. 颈部

颈要粗壮,长短适中,垂肉密而平滑。

4. 鬐甲

发育良好,颈与体躯连接紧。鬐甲高而丰满,对犍牛要求前躯好,对母牛要求后躯发达,即所谓"犍前母后"。

肩应长而较倾斜,肩长则胸深,肩的长度和倾斜度与牛行走时步调的伸展有关,肩长而倾斜的牛,则前肢步调伸畅,否则就短促。

5. 背与腰

背腰宜宽广,平直,肌肉发达,腰宽而坚实,才能负重。

6. 胸与腹

胸要宽阔而深,胸宽深表示心肺发达,工作时持久力强。肋骨长而弯曲,腹部要大,但不能太大,太大了对犍牛的劳役和对公牛的配种都不方便。

7. 后躯

尻部要宽而长,稍稍倾斜,肌肉发达,臀端宽而齐。

8. 四肢

四肢宜长,长了步子大,走得快;但四肢过长,虽速度快,但牛力量小,在山区耕地走得不稳。四肢骨骼应坚实,肌肉发达,管部和关节不应多肉。关节应坚强,筋腱分明。飞节宜宽，宽了拉力大，四肢的位置和蹄的方向应端正。

肢势：前肢侧望时不正确的肢势有前踏、后踏、前弯膝、后变膝；前望时不正确的肢势有广踏、狭踏、外弧、外向、内向；后肢不正确的肢势有前踏、后踏、直飞节、刀状肢势、外弧、内弧、卧系。

步法：活泼有力。四肢前进方向与体躯方向一致，蹄抬得较高，后蹄跨过前蹄。从后面看，蹄不左右乱摆。

蹄子应圆厚正直，蹄叉紧合，蹄质坚实，无裂缝，有光泽。尖的蹄不结实，不宜走山路或远路。

9. 皮肤和被毛

犍牛的皮较粗厚且有弹性，被毛长而有光泽。

六、兼用牛的外形特点

兼用牛根据其兼用类型的不同，主要分为乳肉兼用型，如小荷兰牛，肉乳兼用型，如短角牛，乳肉役兼用型，如西门塔尔牛等。

乳肉兼用型的外形更趋向于乳用型，要求体格健壮，骨骼较粗壮，肌肉发达，鬐甲背腰成一直线，尻部长、宽，乳房较大，附着良好。

肉乳兼用型的外形和乳肉兼用型基本相似，但具有较多的肉用特征，它的背、腰、肋、尻、大腿等产肉部位的肌肉更发达，而乳房及腹部相对差一些。

乳肉役兼用牛除应具有乳肉兼用的体型外，还必须具有发达而坚实的肌肉和粗壮的骨骼，鬐甲和肩发育良好，具有前强体型。

所有兼用牛应背腰平直，肢势端正，关节整洁，筋腱明显，蹄大而圆，蹄壁致密而坚实。

七、中国黄牛的外形

从整体上看，中国黄牛被毛长而密，皮厚、致密而有弹性，骨骼粗壮，筋腱发达，关节明显，皮下脂肪少；前躯发达，前胸深广，中躯较长，后躯紧凑，整个体躯侧视呈"倒梯子形"。

从局部看，头大，额宽，颈粗壮有力，体躯长、宽、深；鬐甲丰圆，胸围大，腹充实，尻宽长，适度倾斜；四肢强健，蹄大而圆，蹄质致密坚实，侧视前肢直，后肢适度弯曲。

任务三　牛的年龄鉴定

牛的年龄不同，其使用价值与经济价值就不一样。要知道牛的年龄，就要掌握牛年龄的鉴定技术，尤其在没有记录的情况下，更需这种技术。一般年龄鉴定主要采用牙齿鉴定法与角轮鉴定法。

一、牙齿鉴定法

1. 牛牙齿的数目、名称和排列

牛没有犬齿和上门齿,牛的下门齿有 4 对,边上的一对叫隅齿,也叫"边牙"。挨隅齿的一对叫外中间齿,再靠里面的一对叫内中间齿,最里面的一对叫钳齿。

初生犊的牙齿叫乳齿,1~2 岁以后脱换为永久齿。乳门齿的数目与永久门齿相同。

2. 乳齿和永久齿的区别

在鉴定牛的年龄时,必须将乳齿与永久齿加以区别(表 1.1.1)。

表 1.1.1 乳齿与永久齿的区别

项目	乳齿	永久齿
色泽	乳白色	稍带黄色
齿颈	明显	不明显
形态	较小而齿冠短	较大而齿冠长
齿根	插入齿槽较浅,附着不稳	插入齿槽较深,附着稳定
排列	排列不太整齐,齿间空隙大	排列整齐,齿间紧密无空隙

3. 门齿的构造

每个门齿分为齿冠(牙齿上面露出的部分)、齿根(位于下颌骨齿槽内)和齿颈(齿根和齿冠中间收缩的部分)。牙齿最外层是珐琅质(又叫釉质),其色较白,质致密;再往里为象牙质,其色较黄,这是与珐琅质的主要区别。最里面为齿髓,齿根外面又有一层白垩质,门齿的构造如图 1.1.2 所示。

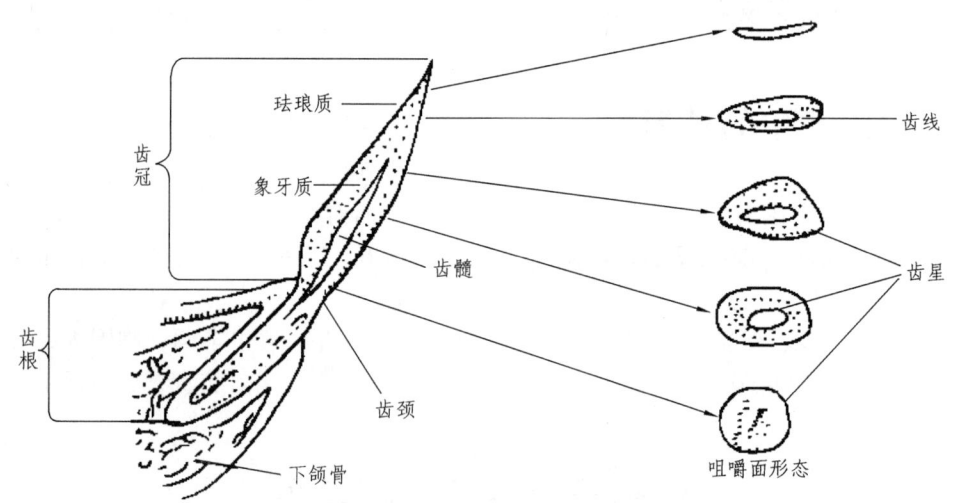

图 1.1.2 牛门齿结构与咀嚼面形态

门齿长出脱换和磨损都是从最中间的钳齿开始的,其次是内、外中间齿,最后是隅齿。

门齿由于磨损而形成咀嚼面。磨损情形不同,咀嚼面形成的形态不一样。当磨损到齿髓上部时,齿髓受到刺激而从上到下逐渐沉淀齿质,即发生齿髓的齿质化过程,在咀嚼面上可以看到象牙质中间有一根颜色较线的线,这根线称为齿线;继续磨损,线变宽变短,成为矩形、圆形或椭圆形,这就是所谓齿星,门齿磨损后,咀嚼面形态如图 1.1.2 所示。

4. 根据牙齿的生长、脱换与磨损鉴定年龄（以中熟品种为例）

初生犊：乳钳齿、内中间齿长出,1 周左右全部乳门齿长出。
4 个月左右：乳门齿发育完全,齿弓呈半圆形。
半岁：乳隅齿磨损出现齿线。
1 岁：乳钳齿齿冠几乎磨完。
以后从 2 岁到 5 岁,可根据乳齿换成永久齿判别年龄,6 岁到 12 岁,根据咀嚼面形态判别年龄：
2 岁：永久钳齿长齐。
3 岁：永久内中间齿长齐。
4 岁：永久外中间齿长齐。
5 岁：永久隅齿长齐。
6 岁：永久隅齿前缘开始磨损。
7 岁：永久外中间齿磨损出现齿线。
8 岁：永久隅齿磨损出现齿线。
9 岁：永久钳齿磨损出现齿星。
10 岁：永久内中间齿出现齿星。
11 岁：永久外中间齿出现齿星。
12 岁：永久隅齿出现齿星。
13 岁以上,牛年龄不易判断。

总结上述规律可编成顺口溜：两岁一对牙,三岁两对牙,四岁三对牙,五岁新齐口,六岁老齐口,七岁八岁看齿线,九岁一对星,十岁两对星,十一岁三对星,十二岁四对星,十三岁以上分不清。

早熟品种的门齿更换、磨损比中熟品种约早发生 3 个月到半年,晚熟品种门齿更换与磨损比中熟品种晚 3 个月到半年。

5. 开嘴的方法

学会根据口齿鉴定年龄,还必须学会如何开嘴看牙齿,不然就打不开嘴或被牛咬伤手指。首先人站在牛的左前侧,左手抓住鼻孔或鼻环,右手从牛左侧嘴角与舌头成直角方向插入嘴中,抓出舌头,这时牛口就张开,用右手拇指剥开下嘴唇,门齿就露出来了,这时可观察牙顶出、磨损、牙缝、动摇与否等情况。

注意：右手插入时千万不可往嘴的深处插,否则指头会被牛的上下臼齿咬伤。如抓不住舌头,用四指压住舌头,大拇指顶起上腭把嘴打开也可。

6. 影响鉴别准确性的因素

（1）饲料因素

饲料粗糙,磨损快,饲料细软,则磨损慢,天然草地放牧比舍饲磨损快。营养水平高,矿物质充足，牙齿脱换正常，磨损慢；反之，牙齿脱换迟，磨损快。

（2）环境

多风少雨地区的牛，饲草中常夹有砂砾，草质也较硬，会使牙齿磨损加快；滨湖沼泽地区的牛，磨损慢。

（3）畸生齿

主要有竹板齿、异数齿等。竹板齿是齿颈向口外倾，不是垂直于切齿板，和上颌齿板的角度小于90°，也叫"地包天"牛齿。在磨损过程中，齿星出现较迟，或齿星始终不能成圆形，这种畸形齿，在进行年龄鉴别时，可多加2岁。异数齿是指下门齿数目不是8枚，或多或少，最少的只有4枚，最多的可达12枚。由于齿数异常，排列异常，很难判断其年龄，必须根据其他的情况综合考虑。

二、角轮鉴定法

母牛在妊娠期由于营养不良，使角组织不能充分发育，角的表面凹陷，形成角轮。母牛的角轮数大体与产犊数相一致。通常母牛产犊多在2.5~3岁，而且每年产一犊，这样一年就有一个角轮，因此，根据角轮数，再加上1.5或2即得牛的年龄。

但饲料不足、营养不良或疾病等原因也会导致出现浅角轮；不是每年产犊的母牛，年龄与角轮数也不一致。所以鉴定时应看角轮的深浅与宽窄，并与牙齿鉴定法结合起来进行鉴定。

犍牛、公牛营养条件差的也会出现角轮，而且多出现在冬季，但有的角轮比较规则，角轮数即其年龄数。

牧区牛在冬春枯草时营养不良，往往一年一个角轮，也易鉴别其年龄。

用角轮鉴定年龄不是很准确，比如有些母牛角发育不全，其角轮浅而短，很不明显。所以角轮法只能用作参考。

任务四 牛的体尺测量

一、体尺测量

测量牛的体尺是外形鉴别的方法之一。它可辅助肉眼观察的不足，并可将牛各部位的尺寸记录下来，在育种上用处很大。现将最常用的体尺介绍如下（图1.1.3）：

（1）头长：从角间线到鼻镜上缘的距离。

（2）最大额宽：眼眶最远点间的距离。

（3）体高：鬐甲最高点到地面的垂线距离。

（4）体斜长：从肩端前缘到坐骨结节后缘的直线距离（或用卷尺测量曲线距离）。

（5）胸围：肩胛骨后体躯的周径。

（6）管围：管骨上1/3的周径，即测管骨最细的部分。

（7）胸宽：从肩胛骨后缘测量胸部最宽的距离。

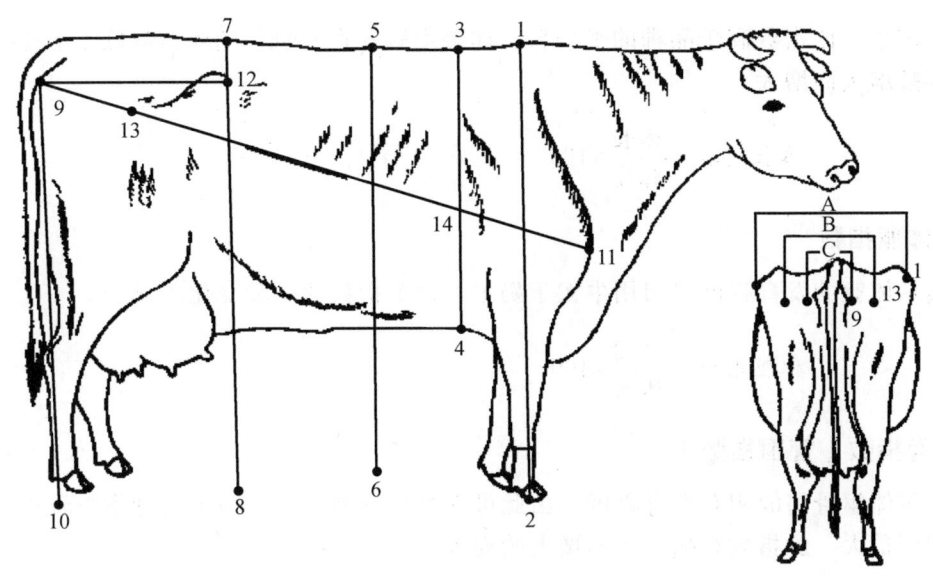

图 1.1.3　牛体尺测量名称

1-2—鬐甲高；3-4—胸围；5-6—背高；7-8—腰高；9-10—臀端高；9-11—体斜长；
9-12—尻长；14—胸宽；A—后躯宽；B—髋宽；C—臀端宽

（8）腰角宽：两腰角外缘的距离。

（9）尻长：从腰角前缘到坐骨结节后缘的距离。

（10）坐骨宽：两坐骨结节外缘突起的宽。

（11）十字部高（腰高）：两腰角的中央到地面的垂直距离。

（12）腿围：从右侧后膝前缘，在尾下绕胫股间至对侧后膝前缘的距离。注意保持卷尺呈水平位置。测 2 次以上，取平均值。

二、体尺指数

体尺指数计算是体尺材料的整理和分析方法之一，是一种体尺与另一体尺的比率，可以应用那些在解剖和生理上彼此有关的体尺来计算指数，以此分析家畜外形特征。常用的指数有以下几种：

1. 肢长指数

它表示四肢发育的相对程度，利用它可以区别家畜体型，例如，奶牛的指数一般比肉用牛大。此外还可以用它来判断幼牛发育程度：指数过小，表示四肢发育受阻；反之，指数过大，则表明躯干发育不良。这个指数随年龄的增加而逐渐减小。

$$\text{肢长指数} = \frac{\text{体高} - \text{胸深}}{\text{体高}} \times 100$$

2. 体长指数

它表示体长和体高的相对发育程度。肉用牛的指数一般大于奶牛。若胚胎期发育不全，由于体高较小，使指数高于品种的平均数。如果生后发育受阻，则此指数低于平均数。这个指数随年龄增大而增大。

$$体长指数 = \frac{体长}{体高} \times 100$$

3. 体躯指数

它表示体躯的发育程度。肉用牛大于奶牛。这个指数的年龄变化不显著。

$$体躯指数 = \frac{胸围}{体长} \times 100$$

4. 骨指数（管围指数）

它表示体躯骨骼的相对发育程度。由此可观察其骨骼大小，肉牛的骨指数较小，奶牛稍大，役用牛最大。此指数有随年龄而增大的现象。

$$骨指数 = \frac{管围}{体高} \times 100$$

5. 胸指数

它表示胸部的发育情况。肉牛、役用牛大于奶牛，早熟品种大于晚熟品种。此指数随年龄变化不显著，某些疾病对之有较大的影响。

$$胸指数 = \frac{胸长}{胸深} \times 100$$

6. 产肉指数

它表示肌肉和骨骼的相对发育程度，可用作产肉指标。

$$产肉指数 = \frac{腿围}{体高} \times 100$$

三、活重测定

1. 实测法

实测法最准确，应空腹称重，以减少肠胃内容物对体重的干扰。一般在早晨饲喂、饮水前称重。如果是奶牛，还应在挤乳后进行，连续 2 天称重，取平均值作为体重。如果连续 2 天称重误差超过 5%，应连续 3 天称重，取其平均值。

实测时一般用平台式地磅，在称犊牛时可用小型磅秤以减小误差。

2. 活重估测

在没有地磅的条件下，只有采用估测法。估重公式是根据实重与体尺的关系得出的。由于不同类型、品种、年龄、体重、膘情的牛的体形结构差别较大，很难用一个统一的估重公式计算出较准确的体重,应根据实际情况,选择应用。一般误差不超过 5% 即认为是精确的,误差超过 5% 则不能使用。下面是常用的几个公式,可供参考。

(1) 乳用牛或乳肉兼用牛估重公式

$$体重(kg) = [胸围(m)]^2 \times 体斜长(m) \times 90$$

(2) 肉用牛估重公式

$$体重(kg) = [胸围(m)]^2 \times 体直长(m) \times 100$$

(3) 黄牛估重公式

$$体重(kg) = [胸围(cm)]^2 \times 体斜长(cm)/11\ 420$$

(4) 水牛估重公式

$$体重(kg) = [胸围(m)]^2 \times 体斜长(m) \times 80 + 50$$

项目二 宣汉黄牛的品种改良

【知识目标】

(1) 能正确进行种公牛和种母牛的选择;
(2) 知道黄牛改良的主要方法;
(3) 知道蜀宣花牛的主要性能指标。

【技能目标】

能正确进行宣汉黄牛的品种改良。

任务一 黄牛品种改良的方法

一、牛的选择

(一)种公牛的选择

1. 外貌选择

体型结构匀称,外形和毛色符合品种要求,雄性性状突出,没有明显的外貌缺陷。

2. 系谱选择

要求记录详细，至少3代以上，父母都应该是良种登记牛，生产性能高，遗传力强，祖先没有明显的遗传缺陷。

3. 旁系选择

对乳用公牛要分析其半同胞的泌乳性能，肉用公牛要参考其同胞和半同胞的产肉性能。只有选择生产性能高、遗传力强的种公牛，才能充分发挥其生产潜力。

4. 后裔测定

由于人工授精和冷冻精液技术的发展和完善，人工授精公牛每年可以承担10 000头以上母牛的配种，因此优秀种公牛的遗传优势可以得到最大限度的发挥。可以说奶牛群体的生产水平在很大程度上取决于公牛的遗传水平，种公牛对奶牛群遗传改良的贡献，可以达到总遗传进展的75%~95%，因而优秀种公牛的选择在奶牛育种中占有十分重要的地位。

（二）母牛的选择

1. 种子母牛的选择

种子母牛是从育种群中选出的最优秀的母牛，通过它来创造、培育良种公牛。这是育种工作中一项重要的基本措施，对不断提高种公牛质量、加速牛群改良有极为重要的作用。必须符合以下标准：

（1）系谱：父母应为良种登记牛，3代血统清楚。系谱中包括血统、本身外貌、生产性能、女儿外貌以及历史上是否出现过怪胎、难产等。

（2）外貌特级，乳房、四肢等重要部位无明显缺陷。

（3）第一、二、三胎各产乳7 000 kg、8 000 kg及9 000 kg以上，各胎总平均在8 000 kg以上。

（4）乳脂率在3.4%或3.6%以上。

（5）产犊间隔不超过380 d。

2. 生产母牛的选择

主要是根据产乳性能进行评定，选优去劣。产乳性能包括以下各项：

（1）产乳量；

（2）乳的品质；

（3）饲料报酬；

（4）排乳速度；

（5）泌乳均匀性。

3. 母犊及育成母牛的选择

（1）母犊选择：根据育种标准要求，母犊应具有一定初生重，皮毛光亮，外貌良好，生长发育在一般水平以上，健康无病，同时参考祖代及姐妹的初生情况决定选留。

（2）育成母牛选择：在初生母犊选择的基础上，进一步考虑对育成母牛的选择。严格地说，对育成母牛应3次选择，即6月龄、12月龄、18月龄的选择。育成母牛应根据体重、体型发育决定选留。育成母牛正处于生长发育阶段，乳房发育和腹部容积均随年龄增长而增大，选择育成母牛时，虽不能过分强调乳房的大小和腹部容积，但要求乳房皮肤松软而多皱褶，乳头大小适中、分布均匀，腹部要求有一定容积；同时，要求胸部肋骨开张，尻部及背部平直。

二、黄牛杂交改良的主要方法

杂交是创造新品种和改良本地品种的重要手段。利用纯种优良的公牛与我国本地黄牛杂交，其后代具有繁殖力强、早熟、增重快、耐粗饲和适应性强等杂交优势。因此，有计划地对我国现有地方品种进行杂交改良，是当前和今后一段时间养牛业发展的主要任务之一。

杂交改良的方法有经济杂交、轮回杂交、级进杂交、引入杂交、育成杂交和种间杂交等。由于条件和目的不同，只能"因牛制宜"地采用。

1. 级进杂交

级进杂交又称为"改造杂交"，是以性能优越的品种彻底改造性能差的品种时常用的杂交方法（图1.1.4）。用优良品种公牛与生产性能低的本地品种母牛杂交，并经过逐代的级进过程，以达到彻底改造本地品种的目的。一般级进到3~4代为好，当级进到5~6代时，其理论纯度达96%以上，表现已与纯种无异。当某代杂交牛表现最为理想时，便从该代起终止杂交，然后在杂种公牛、母牛间进行横交固定以育成新品种。

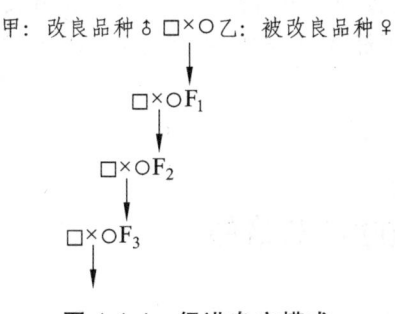

图 1.1.4 级进杂交模式

级进杂交是我国应用最早的一种杂交改良方法，用荷兰荷斯坦纯种公牛与本地母黄牛级进杂交来创造、培育我国乳用型品种，已产生明显的效果。

2. 导入杂交

导入杂交又称为"引入杂交"，是为纠正品种某些个别的缺点，需要引入另一品种的血液，使品种特性更加完善（图1.1.5）。导入杂交的特点是在保持原有品种牛主要特征的基础上，通过杂交克服其不足之处，进一步提高原有品种的质量而不是彻底的改造。引入外血一般在1/8~1/4为宜。

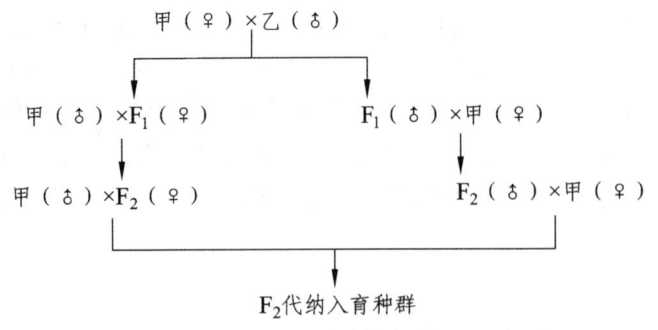

图 1.1.5 导入杂交模式

3. 育成杂交

育成杂交又称为"创造性杂交",它是通过 2 个或 2 个以上的品种进行杂交,使后代同时结合几个品种的优良特性,并使其固定下来,从而创造出一个比原来杂交亲本品种更为优异的新品种的育种方法。这种方法扩大了变异的范围,显示出多品种杂交优势。

4. 经济杂交

经济杂交是以生产性能较低的母牛与培育品种的公牛进行杂交。其目的是利用杂交一代的杂种优势,提高其经济利用的价值。这种方式多用于肉牛生产,小公牛全部去势后肥育。杂交一代小母牛下一步可应用级进杂交或轮回杂交来继续改良。

任务二 宣汉黄牛的品种改良

从 1978 年开始,四川省畜牧局、四川省畜科院派出畜牧专家常驻宣汉县,利用宣汉黄牛开展乳肉兼用牛的选育工作。历经 30 余载的不懈努力,历 3 代数十位科技工作者的艰辛努力与毕生心血培育而成了一个具有较高乳、肉生产性能,并能有效适应南方高温、高湿自然气候和农区粗放饲养管理条件的新品种——"蜀宣花牛"。

一、宣汉黄牛改良的技术路线

育种目标:培育出具有较高乳、肉生产性能,并能有效适应我国南方高温、高湿和低温、低湿自然气候及农区较粗放饲养管理条件的兼用型牛新品种。

在西门塔尔牛与宣汉黄牛杂交的基础上,导入荷斯坦牛血缘后再用西门塔尔牛交配,经横交和世代选育实现育种目标(图 1.1.6)。整个育种过程经历了 3 个阶段。

1. 杂交阶段

1978—1985 年是蜀宣花牛培育过程中的杂交阶段。此阶段主要是引进世界著名乳肉兼用型的西门塔尔牛冻精和纯种公牛与宣汉黄牛进行杂交。在此阶段,形成了具有一定乳用性能的"西门塔尔牛×宣汉黄牛"杂种牛群体。

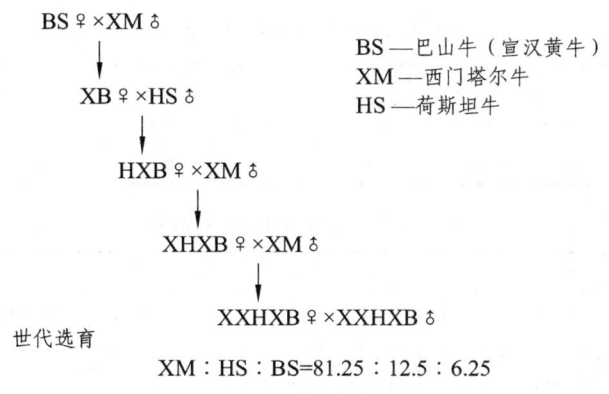

图 1.1.6 蜀宣花牛育种方案示意图

2. 引种导血和横交选育阶段

1985 年至 20 世纪 90 年代初期是牛群的引种导血和横交选育阶段。杂交牛群初具规模，但由于牛群的改良代次低，泌乳性能也很低，杂一代牛平均产奶量约为 800 kg。为提高牛群乳用性能、实现良种目标奠定良好的遗传基础，由此，引进了荷斯坦牛冻精，对"西门塔尔牛×宣汉黄牛"杂种母牛进行三元杂交配种，导入一次血缘后，再用西门塔尔牛冻精对其后代母牛级进两代，然后再进行横交选育。

3. 世代选育提高阶段

从 20 世纪 90 年代初期至今，是蜀宣花牛的世代选育提高阶段。因为通过导血、级进杂交和横交后，牛群个体差异较大，生产性能参差不齐，泌乳性能也偏低。为实现育种目标奠定良好的遗传基础、提高牛群生产性能，实施了世代选育。在此阶段，经过 4 个世代的选育，建立起了胎产奶量达 4 000 kg 以上，乳脂率不低于 4% 的高产母牛核心群 1 371 头，并培育出了胎产奶量达 8 000 kg 以上的高产个体。

二、蜀宣花牛的性能

截止到 2010 年底，"蜀宣花牛"现总存栏 3 万余头，主要分布在宣汉近 30 个乡镇，其中基础母牛群 8 000 多头，核心群母牛 1 300 余头，种公牛 400 多头。目前，蜀宣花牛已通过国家畜禽遗传资源委员会的审定，填补了我国南方牛新品种培育的空白，标志着四川乃至南方地区养牛业的发展有更高的起点，对促进畜牧业结构调整将起到极大的推动作用。

（一）品种特征

体型外貌：蜀宣花牛体型外貌基本一致。体型中等，整体结构匀称，头大小适中，母牛头部清秀；体质结实，肌肉发达，行动灵活；体躯深宽，颈肩结合良好，背腰平直，后躯宽广，四肢端正，蹄质坚实；被毛光亮，毛色为黄（红）白花，头部白色或有花斑，尾梢、四肢和肚腹为白色；照阳角、角、蹄以蜡黄色为主，鼻镜肉色或有斑点；母牛乳房发育良好，结构均匀紧凑，公牛雄性特征明显，略有肩峰。其各项数据如表 1.1.2 至表 1.1.7 所示。

表 1.1.2 成年牛体尺（厘米）、体重（千克）

性别	头次	体高/cm	体斜长/cm	胸围/cm	管围/cm	体重/kg
公牛	6	149.8±1.89	180.0±1.00	212.5±8.50	24.3±1.20	753.2±56.02
母牛	654	128.1±4.90	157.9±8.60	188.6±8.52	18.6±0.96	519.8±63.18

表 1.1.3 成年牛的体型指数

性别	头次	胸围指数	体长指数	体躯指数	骨指数	肉用指数
公牛	6	141.86±4.23	120.16±3.75	118.06±4.11	16.24±0.61	5.1888±0.32
母牛	654	147.29±4.12	123.21±3.47	119.55±4.04	14.52±0.57	4.0587±0.30
平均	600	147.24±4.13	123.18±3.47	119.54±4.04	14.27±0.57	—

表 1.1.4 被毛颜色分布情况

毛色	头数	百分比/%	备注
黄白花	658	65.41	80.32%
红白花	150	14.91	
灰白花	198	19.68	
合计	1006	100	

表 1.1.5 皮肤及蹄质颜色分布情况

项目	皮肤颜色			蹄质颜色		
颜色	粉色	粉色有斑	青色	纯蜡黄	蜡黄有斑	青色
数量	627	348	31	868	119	19
百分比/%	62.33	34.59	3.08	86.28	11.83	1.89

表 1.1.6 角型分布情况

项目	照阳角	角向上弯	向前下弯	扁担角
数量	945	19	15	27
百分比/%	93.94	1.89	1.49	2.68

表 1.1.7 成年牛的生理指标

测定头次	体温/°C	心跳/（次/min）	呼吸/（次/min）	瘤胃蠕动/（次/2 min）
70	38.38±0.32	74.56±6.68	18.74±2.23	2.84±0.75
范围	37.6~39.2	54~88	16~32	2~4

（二）生产性能

1. 生长发育

通过对不同生长发育时期的蜀宣花牛的体尺、体重测定表明，蜀宣花牛生长发育较快。在农户饲养条件下，平均初生重公犊为 37.6 kg，母犊为 29.6 kg，到 6 月龄时公、母犊体重分别达到 149.3 kg 和 154.7 kg，初生到 6 月龄平均日增重分别为 654 g 和 695 g。蜀宣花牛 4.5 周岁达到成年，成年公牛的平均体高为 149.8 cm，体重为 753.2 kg；成年母牛平均体高为 128.1 cm，体重为 519.8 kg。

蜀宣花牛公牛自初生到 18 月龄，体重呈直线上升趋势，18 月龄是一个生长转折点，18 月龄后生长速度明显减缓；母牛自初生到 12 月龄，体重呈直线上升，12 月龄后生长速度有所减缓（图 1.1.7）。公牛 18 月龄是一个生长转折点，在进行肉牛育肥时，18~22 月龄出栏能获得较佳饲养效果和经济效益。

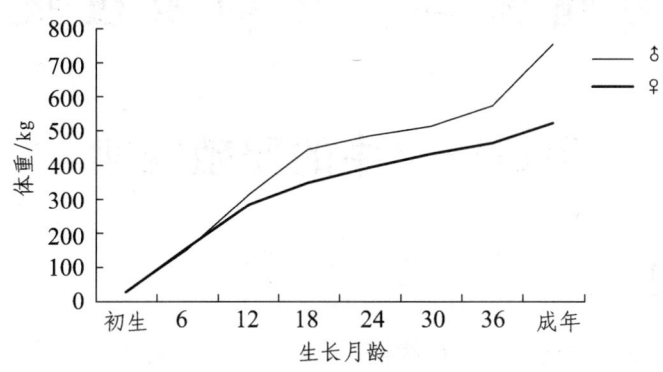

图 1.1.7　蜀宣花牛生长发育曲线图

2. 乳用性能

通过对蜀宣花牛 2 000 多个胎次产奶量的测定表明，蜀宣花牛在农户饲养管理条件下，具有较高的泌乳性能和生产潜力。蜀宣花牛母牛平均产奶量为 4 480 kg，平均泌乳期为 297 d，乳脂含量 4.16%，乳蛋白含量 3.19%。产奶量和泌乳天数均随着胎次的递增而增加，第 3~4 胎达到高峰，从第 5 胎开始，随着产犊胎次的递增，产奶量有所下降。蜀宣花牛的泌乳高峰出现在第二泌乳月，其乳质良好，是开发高档或特色乳制品的优质原料。

3. 肉用性能

蜀宣花牛育肥性能良好，具有耐粗饲、生长快、肉用性能好的特点。从 6 月龄开始，以酒糟为主要粗饲料，每天补饲 1.0 千克混合精料的持续育肥条件下，18 月龄体重达 509 kg，90 d 育肥期平均日增重为 1 135.7 g，屠宰率 58.1%，净肉率 48.2%，眼肌面积 96.7 cm^2。

4. 繁殖性能

蜀宣花牛母牛的初配年龄为 16~20 月龄。在四川农区高温（低温）、高湿的自然气候和较粗放的饲养管理条件下，发情和产犊具有一定的季节性，其中以 9~12 自然月为最高，发情和产犊分别占全年的 43.7% 和 53.7%；其次为 1~4 月，发情和产犊分别占全年的 37.0% 和 39.1%；高热、高湿的 5~8 月为最低。孕期为 278 d 左右，产犊间隔平均为 381.5 d。

5. 抗逆性

蜀宣花牛培育地常年湿度在 80% 以上，在夏季高温、高湿，冬季低温、高湿的自然条件下，蜀宣花牛表现出良好的生产性能。蜀宣花牛在农村饲养条件下，经过长期的人工选择和培育，表现出采食能力强、耐粗饲、易管理等优良特性。在大巴山自然环境条件下培育的蜀宣花牛，推广到四川的甘孜、阿坝、凉山和西藏等地，在海拔 3 000 多米的高寒地区也能正常生长发育和繁殖，表现出很强的抗逆性和抗病性，适应范围广。

学习情景二 牛的繁殖技术

项目一 牛的繁殖规律

【知识目标】

（1）知道母牛的发情周期及发情持续期；
（2）熟悉母牛发情的表现、特点；
（3）能描述母牛妊娠与临产症状；
（4）知道母牛的妊娠期；
（5）能讲出母牛的分娩过程。

【技能目标】

（1）能正确判定母牛的发情表现；
（2）能正确判定母牛的妊娠与临产表现。

任务一 母牛的发情生理

一、性成熟与发情周期

（一）初情期与性成熟

1. 初情期

初情期是指母牛第一次发情或排卵的时期，是性成熟的标志。此时，由于其生殖器官尚未完全发育成熟，故发情表现往往不完全，表现为发情持续时间短、发情征状不明显等特点。黄牛、奶牛的初情期一般在 6~12 月龄，水牛在 10~15 月龄，宣汉黄牛的初情期一般在 12~14 月龄。

2. 性成熟

性成熟是指牛的生殖器官已发育成熟，卵巢上能产生具有受精能力的卵子，配种后可以受胎，具备了繁殖后代的能力。但此时，牛体其他组织器官的发育尚未完全，不适宜配种。

性成熟年龄受品种、营养、气候环境、饲养管理等因素的影响。黄牛、奶牛的性成熟期一般在 8~10 月龄，水牛在 15~20 月龄，宣汉黄牛的性成熟期为 12~14 月龄。此时体重约为该品种成年母牛体重的 50% 左右。

（二）发情周期

性成熟后，生殖机能正常而未孕的母牛，卵巢上出现周期性的卵泡发育和排卵变化，生殖器官及整个机体会发生一系列周期性的变化，一直到生殖机能停止为止，这种周期性的性活动，称为发情周期。发情周期的计算一般指从一次发情（排卵）开始到下一次发情（排卵）开始的间隔时间。成年母牛的发情周期平均为 21 d，其变化范围为 17~25 d；一般青年母牛要比经产母牛略短，发情周期平均为 20 d，范围是 18~22 d。宣汉黄牛的发情周期为 19~23 d，平均 22.2 d。一个发情周期通常分为发情前期、发情期、发情后期和休情期。

1. 发情前期

发情前期是牛的发情准备期，此时母牛卵巢上的黄体进一步萎缩，新的卵泡开始发育，雌激素分泌增加，生殖道分泌物增多，但看不到黏液流出，母牛尚无性欲表现。该期持续 1~3 d。

2. 发情期

发情期是指母牛在一个发情周期中从发情开始到这次发情结束所经历的时间，又称为发情持续期。此期的长短与牛的年龄、营养状况、季节变化等因素有关，一般成年母牛平均为 18 h，变动范围为 6~36 h。育成牛为 15~16 h，变动范围 10~21 h。根据此期发情母牛的外部特征和性欲表现可分为发情初期、发情盛期和发情末期 3 个阶段。

（1）发情初期：卵泡迅速发育，雌激素分泌明显增多。母牛表现兴奋不安，经常哞叫，食欲减退，产乳量下降，常有其他母牛尾随，并嗅舔发情母牛的阴唇，拒绝其他牛的爬跨。外阴部肿胀，阴道黏膜潮红，黏液量分泌不多、稀薄、牵缕性差，子宫颈口开张。

（2）发情盛期：在其他牛爬跨时，表现为站立不动，两后肢开张举尾拱背，接受爬跨。拴系的母牛表现两耳竖立，不时转动倾听，眼光敏锐，手触摸尾根时无抗拒表现。从阴门流出具有牵缕性的黏液，俗称"吊线"，往往黏于尾根处或臀部。阴道检查时黏液量增多，稀薄透明，子宫颈口红润开张。卵泡已突出于卵巢表面，直径约 1 cm，触摸时波动感差。

（3）发情末期：母牛的性欲表现逐渐减退，不接受其他牛的爬跨，阴道黏液量减少，呈半透明状，混杂一些乳白色，黏性稍差。卵泡直径达 1 cm 以上，触之波动感明显。

3. 发情后期

母牛已无发情表现，排卵后卵巢形成黄体，并且开始分泌孕激素。该期持续 3~4 d。

4. 休情期

又叫间情期，即一次发情结束到下一次发情开始所间隔的时间，也就是周期黄体期，卵巢上的黄体由发育转为退化，孕激素分泌量从逐渐增加转为缓慢下降。该期约持续 12~15 d。

二、母牛的发情表现

1. 外阴部变化

发情母牛阴户潮红肿胀,阴唇黏膜充血,从阴道流出黏液。最初流出的黏液比较清亮,似鸡蛋清样,可拉成丝,以后逐渐变白且浓厚。

2. 性兴奋

性兴奋是指母牛发情时引起全身精神状态的变化。母牛发情时哞叫不安、举尾,放牧时通常不吃草而抬头游走,喜欢接近比他高大的母牛。

3. 性行为

发情前期,母牛的性欲不明显,以后随着卵泡的发育,雌激素数量增加而逐渐明显,在牛群中常表现为爬跨,发情母牛愿意接受其他牛的爬跨而不躲避。发情母牛爬跨其他母牛时,常有滴尿,并发出低而短的呻吟,特别是青年母牛表现较明显。

三、母牛的发情特点

1. 发情持续时间短

家畜发情持续时间的长短与垂体前叶分泌的促性腺激素多少有关。母牛垂体前叶分泌的促卵泡素是家畜中最少的,它具有促进卵子发育和发情的作用;而母牛垂体前叶分泌的促黄体生成素又是家畜中最多的,它具有促进卵子成熟和排卵的作用。所以母牛发情持续时间短而排卵快,成年母牛一般发情持续时间平均为 18 h(6~36 h)。宣汉黄牛的发情持续期平均为 27 h。

2. 排卵在性欲结束之后

当母牛发情开始时,卵泡中只产生少量雌激素,性中枢兴奋,出现交配欲,当卵泡继续发育接近成熟时,产生大量雌激素,性中枢反而受到抑制,交配欲消失,但卵泡还在继续发育,最后在促黄体生成素的协同作用下排卵,此为母牛独特之处。大多数母牛排卵是在性欲结束后的 8~12 h。夜间尤其是黎明前排卵较多。

3. 子宫颈开张程度小

母牛发情期子宫颈开张的程度与马、驴、猪等家畜相比非常小。这是由于母牛的子宫颈肌肉层特别发达,加之子宫颈管道中有 2~3 圈环状皱褶,使子宫颈管道很窄细而弯曲,即使在母牛发情中期,子宫颈开张也只有 3~5 cm,发情后期更小,这一特点给人工授精带来困难。因此,要求人工授精员要有熟练的操作技术。

4. 生殖道排出的黏液量大

发情母牛由生殖道排出大量黏液,潴留在子宫颈外口附近的阴道里,呈透明状,黏性强,如同蛋清样。发情后期黏液量减少，变成半透明，黏性降低并夹杂有少许乳白色黏液，最后黏液变成浓稠的乳白色糊状物。

5. 发情结束后生殖道排血

母牛发情结束后，由于雌二醇在血液中的含量急剧降低，子宫黏膜上皮中的微血管出现淤血，血管壁变脆而破裂，血液注入子宫腔，通过子宫颈、阴道排出体外，母牛生殖道排出血液的时间大多出现在发情结束后 2~3 d。发情后的出血现象，一般育成牛占 70%~80%，经产牛只占 30%~40%。

6. 爬跨行为

母牛有爬跨行为，一般接受其他牛爬跨的母牛是真发情，爬跨其他牛者不一定是发情牛。据观察，爬跨母牛中，发情牛只占 56.7%，有 19.9% 的爬跨母牛正在妊娠期。而在所有接受爬跨的母牛中，发情牛高达 98.6%，有 64.3% 的母牛是在夜间开始接受爬跨，其中 46.4% 是集中在夜间 1 时至翌晨 7 时。

7. 安静发情

发情母牛中出现率高，特别是舍饲奶牛，有不少母牛卵巢上虽然有成熟卵泡，也能正常排卵受胎，但其外部的发情表现却很微弱，甚至观察不到，常常造成漏配。产生安静发情的原因是促卵泡素和雌激素分泌不足。因此，生产上应注意细心观察。

8. 右侧卵巢排卵率高

母牛右侧卵巢比左侧卵巢上出现成熟卵泡、排卵的比率约高 60%，故右侧排卵较多。

四、异常发情

母牛异常发情常见的有以下几种类型。

1. 假发情

母牛的假发情有两种情况：一是母牛在妊娠 3~5 个月，常有 3%~5% 的母牛突然有性欲表现，爬跨其他牛或接受爬跨，但检查阴道时，子宫颈外口表现收缩或半收缩，无黏液，直肠检查时能摸到胎泡，有人把这种现象叫"妊娠过半"，即孕后发情。二是母牛有正常发情的外部表现，但其卵巢上无卵泡的发育，也不排卵。卵巢机能不全或患有子宫内膜、阴道炎以及营养不良的母牛常出现假发情。在生产实践中，对发情的母牛要做好发情鉴定，防止漏配或误配。

2. 持续性发情

母牛发情的时间延续很长，超过正常范围，称持续性发情，也称长发情。主要有以下两种原因：

（1）卵巢囊肿：卵巢囊肿是由于不排卵的卵泡继续增生、肿大，卵泡不断发育，不断分泌雌激素，因而使得母牛不停地延续发情。患牛常有慕雄狂表现。

（2）卵泡交替发育：由于两侧卵巢上的卵泡交替发育，此起彼伏，两侧卵泡交替产生雌激素，使母牛发情时间延长。

3. 隐性发情

隐性发情又称安静发情或静默发情。母牛发情时外部表现不明显或无表现，但卵巢上有卵泡发育成熟而排卵。安静发情在水牛和奶牛，特别是高产奶牛中较为多见。育成母牛、膘情差的牛及老龄奶牛也易发生。母牛在营养不良、缺乏青饲料、冬季舍饲期长期运动不足、光线差等情况，役牛特别是水牛使役过重，都会增加隐性发情母牛的比例。隐性发情牛体内雌激素往往不足，但如能及时配种，也能够受胎。

4. 短促发情

短促发情是指母牛发情持续的时间短，通常是由卵泡生长发育过快或卵泡中途发育停止而引起的。多见于奶牛，如不注意观察，往往错过配种时机。

5. 久不发情

母牛既无发情表现，也不排卵。这种现象多发生在严寒的冬季或炎热的夏季及营养不良、患卵巢或子宫等疾病的母牛，较多的为持久黄体或幼稚型卵巢，或有严重全身性疾病。对长期不发情母牛必须认真检查和全面分析，找出不发情的原因，采取行之有效的方法和措施，才能使不发情母牛正常发情、配种受胎。

任务二　妊娠与分娩

一、母牛的妊娠

1. 母牛妊娠的表现

母牛妊娠后首先表现出周期性发情停止，不再表现发情。性情变得安静、温驯，行动谨慎、迟缓，放牧时常落在牛群的后面。妊娠3个月后，食欲增进，膘情逐渐变好，被毛光亮，腹部日益膨隆。育成牛在妊娠4～5个月后，乳房发育加快，体积增大。经产牛妊娠5个月后，泌乳量显著下降，脉搏、呼吸加快。妊娠6个月左右，在右侧腹部可触到或看到胎动。

2. 妊娠期

从配种受精到胎儿产出的这段时间称为妊娠期。普通牛的妊娠期平均为280 d，范围为270～285 d。宣汉黄牛的妊娠期为278～283 d，平均281.2 d，蜀宣花牛的妊娠期平均为278.5 d。妊娠期的长短受品种、年龄、季节、饲养管理条件、胎儿性别和单、双胎等因素的影响。一般情况下，早熟品种比晚熟品种妊娠期短，奶牛比肉牛短，怀双胎比怀单胎短，怀母犊比怀公犊短，青年牛比成年牛短，夏秋季分娩比冬春季短，饲养条件好的比差的短。

二、母牛的分娩

(一) 临产征兆

随着胎儿日趋成熟,母牛体内的激素将发生一系列的变化,进而使母牛发生相应的生理变化,主要表现在以下几个方面:

1. 乳房的变化

产前半个月左右,乳房开始膨大,到产前 2~3 d,乳房明显膨大,可从前两个乳头挤出淡黄色黏稠的液体,当能挤出乳白色的液体时,将在 1~2 d 内分娩。

2. 外阴部变化

约从分娩前一周开始,阴唇逐渐肿胀、柔软、皱褶展平。由于封闭子宫颈口的黏液栓溶化,在分娩前 1~2 d 有呈透明的索状物从阴道流出,悬垂于阴门外。

3. 骨盆部变化

临产前几天,骨盆部韧带松弛、软化,臀部有塌陷现象。在分娩前 1~2 d 骨盆韧带已完全软化,尾根两侧肌肉明显塌陷,使骨盆腔在分娩时增大。

4. 体温变化

母牛在产前一周比正常体温高 0.5~1 ℃,但在分娩前 12 h 左右,体温又下降 0.4~1.2 ℃。

5. 行为变化

临产前母牛腹部阵痛,表现不安,食欲减退或停食;前肢搂草,常回头观腹;时起时卧,举尾,频频排尿,但量很少,表明母牛即将分娩。此时应有专人看护。

(二) 分娩过程

母牛妊娠期满,将胎儿、胎衣排出体外的生理过程叫分娩。分娩的动力是腹部肌肉和子宫肌肉的收缩。子宫的间歇性收缩称为阵缩;腹肌和膈肌的收缩称为努责。现在认为胎儿下丘脑-垂体-性腺轴的激活是引起母牛分娩的主要因素,该轴激活后会使母牛前列腺素 F_{2a}(PGF_{2a})上升、孕激素下降,从而引发母牛的分娩。母牛的分娩从子宫颈口开张到胎衣排出,平均为 9 h,这段时间内必须加强对母牛的监护。母牛的分娩过程分开口期(产前期)、胎儿产出期和胎衣排出期(产后期)3 个阶段。

1. 开口期

从子宫开始收缩到子宫颈口完全开张称为开口期。开口期内母牛表现不安,食欲减退或废绝,尾根抬起,常作排尿状,脉搏达 80~90 次/min。此期的动力呈波浪式的子宫阵缩,平均 3~5 min 一次。阵缩迫使胎膜和胎水进入子宫颈,使子宫颈口逐渐开张。胎儿转变成分娩时的胎位和胎势。胎儿的前置部分也开始进入子宫颈,这样使得子宫颈充分开张。此期为 1~12 h。

2. 胎儿产出期

从子宫颈口完全开张到胎儿排出体外称为胎儿产出期。胎儿前置部分进入产道后阵缩和努责同时进行，腹内压显著升高，使胎儿从子宫内经产道产出。在整个分娩过程中，胎头的产出较为费力。在母牛阵缩和努责时，胎儿向外鼓出，间歇时期，胎儿又稍回缩。在胎头露出阴门后，母牛稍作休息，然后将胎儿产出体外。此期一般为 1~4 h。

3. 胎衣排出期

从胎儿产出到胎衣全部排出体外称为胎衣排出期。子宫间歇性的阵缩和几次轻微的努责使胎衣排出体外。由于牛是子叶型胎盘，属于子包母型，结合紧密，排出时间较长，一般为4~6 h。超过 12 h 胎衣尚未排出可视为胎衣不下，需进行处置。

复习与思考

（1）列表说明牛的性成熟、发情周期、发情持续期、排卵的一般时间。
（2）牛的发情特点与其他家畜有何不同？
（3）母牛常有哪些异常发情现象？
（4）母牛的妊娠期为多少天？
（5）试述母牛分娩前的预兆及分娩的过程。

项目二　人工控制繁殖技术

【知识目标】

（1）会判断母牛是否发情，并能准确把握输精时间；
（2）了解妊娠诊断方法，初步掌握妊娠诊断技术；
（3）能正确推算预产期，掌握接产、助产和产后护理的基本要点；
（4）懂得同期发情、诱发发情的内涵；
（5）了解体外受精、性别控制、克隆技术的概况；
（6）能说出母牛各繁殖力指标的含义；
（7）掌握母牛繁殖力下降的原因及对策。

【技能目标】

（1）能进行人工授精操作；
（2）能进行妊娠诊断操作；
（3）能进行正确的接产、助产和产后护理操作；
（4）会计算母牛的各项繁殖力指标。

任务一　发情鉴定与配种

一、发情鉴定技术

发情鉴定的意义在于及时发现发情的母牛，准确把握配种时间，防止误配和漏配，减少空怀，提高受胎率。母牛发情鉴定的方法有外部观察法、试情法、阴道检查法、直肠检查法等。

1. 外部观察法

这是鉴定母牛发情的主要方法。母牛发情时表现为兴奋不安，对外界环境的变化反应敏感，东张西望，食欲减退，反刍时间减少，产乳量下降，常哞叫，频频排尿，外阴部肿胀，有黏液从阴道流出，初期量少，盛期较多，后期又减少。随着发情时间的延长，黏液由稀薄透明变为较浑浊而浓稠，常引起公牛或其他母牛尾随或爬跨。但在发情初期不接受爬跨，发情盛期接受爬跨而站立不动，后肢开张，举尾拱背。在发情末期，虽有公牛和母牛尾随，但发情母牛不再接受爬跨，并逐渐变得安静。

2. 试情法

利用输精管结扎或阴茎改道或切除阴茎的公牛试情。公牛紧随母牛，且母牛接受公牛的爬跨，可确定母牛发情。若母牛稳当地站立，叉开后腿接受爬跨是母牛发情的盛期。具体做法是将一半圆形的不锈钢打印装置，固定在皮带上，然后像驾具一样，牢牢戴在公牛的下颌部，当公牛爬跨发情的母牛时，即将稠的墨汁印在发情母牛身上。这种装置叫下颌球样打印装置。为了减少公牛结扎输精管的麻烦，也可选择特别爱爬跨的母牛代替公牛，效果更好。因为结扎输精管的公牛能将阴茎插入母牛阴道，可能引起感染。试情法常用于放牧的牛群。

3. 阴道检查法

阴道检查法是用开膣器打开母牛的阴道，借助于光源（手电筒、额镜）观察阴道黏膜、阴道黏液及子宫颈的变化，来判别母牛发情的方法。不发情的母牛阴道黏膜苍白、干涩，插入开膣器时有较大阻力，子宫颈口紧闭。发情的母牛阴道黏膜充血、潮红、湿润；阴道内有较多分泌物，有时还流出阴门外，用拇指和食指捏取阴道黏液，拉缩7~8次不断，子宫颈口充血、松弛、开张，外口有多量的黏液附着。此法用于外部观察的辅助手段。

4. 直肠检查法

该方法是将手伸入母牛的直肠内，隔着直肠壁触摸卵巢，判断卵泡的发育情况，来判别母牛是否发情的方法。母牛发情时，子宫颈变软、增粗，子宫角体积增大，收缩反应明显，卵巢上有发育的卵泡，并呈现出波动感。母牛卵泡发育可分为四期：第一期（卵泡出现期），卵巢稍增大，卵泡直径为0.5~0.75 cm，触摸时有软化点，波动不明显，这时母牛已开始表现发情；第二期（卵泡发育期），卵泡增大到1~1.5 cm，呈小球状，波动明显，为母牛发情最明显时期；第三期（卵泡成熟期），卵泡体积不再增大，但泡壁变薄，紧张性增强，有一触即破之感，母牛发情表现消退；第四期（排卵期），卵泡破裂排卵，卵泡液流失，故泡壁变松软，成为一个小的凹陷。

5. 宫颈黏液结晶法

这种方法是根据子宫颈黏液结晶的形态进行发情鉴定。在显微镜下观察，如看到羊齿植物状结晶花纹，结晶花纹典型，其他如上皮细胞、白细胞等杂物很少，是发情盛期的表现；如结晶花纹缩短，说明已进入发情末期。

因母牛发情持续时间短，生产实践中一般以外部观察法作为判断发情的主要方法。直肠检查法能准确检查母牛的卵泡发育情况及推断排卵时间，鉴定准确可靠，操作技术熟练者经常采用。

二、母牛初配年龄的确定

青年母牛性成熟后生殖器官已发育完全，卵巢上虽能产生具有受精能力的卵子，配种后可以受胎，但此时，机体其他组织器官的发育尚未达到完全成熟，配种过早会严重影响胎儿和青年母牛自身的发育及未来的生产性能，同时降低使用年限；但也不应配种过迟，否则会减少母牛一生的产犊头数。实践证明，只有当青年母牛体重达到成年母牛体重的70%左右（即小型牛体重250~300 kg、中型牛320~340 kg、大型牛340~400 kg），或从年龄看，黄牛一般24~26月龄、奶牛14~16月龄时，才是对青年母牛进行第一次配种利用的适宜年龄。因此，确定牛的初配适龄应根据其年龄和体重灵活掌握。

三、发情后配种适期

在母牛发情期中适时配种，可节省人力、物力和精液，并能提高受胎率。母牛发情后最适宜的配种时间，取决于母牛的排卵时间、卵子到达输卵管受精部位保持受精能力的时间和精子到达受精部位保持受精能力的时间。母牛排卵一般在发情结束后10~12 h，卵子在输卵管受精部位保持受精能力的时间为6~12 h，精子进入母牛生殖道后到达输卵管受精部位时间为2~15 min，保持受精能力的时间为12~24 h。输精时间：在排卵前6~18 h内，受胎率高。但排卵时间不易准确掌握，而根据发情时间来掌握输精时间是比较容易的，在发情征状结束时输精比较好，即黄牛在发情开始后12~20 h、水牛在发情开始后24~36 h为适宜配种时间。一般是早上发情的母牛，当天傍晚可进行第一次配种；中午发情的母牛，可在第二天早上配种；下午发情的母牛，在第二天上午配种。间隔10~12 h进行第二次配种。

四、人工授精技术

（一）人工授精在养牛生产中的重要意义

1. 最大限度地提高优秀种公牛的利用率

运用人工授精技术，一头种公牛一次射精可配种的母牛数是自然交配的几十倍，甚至几百倍。

2. 加速品种改良

人工授精技术特别是冷冻精液的运用，极大限度地提高了公牛的配种能力，因而使优秀种公牛的遗传基因迅速扩大，使其后代生产性能迅速提高，从而加速了品种改良。

3. 大幅度减少种公牛的头数

采用人工授精技术后，由于大大提高了种公牛的利用率，所以只需保留极少数的优秀个体，即可满足繁殖需要，从而可节省饲养大量公牛的饲料及管理费用。

4. 克服公、母牛体型悬殊而出现的交配困难

良种公牛一般体型较大，与本地小体型母牛交配会有很多障碍，人工授精技术的运用可克服这方面的问题。

5. 控制疾病传播

人工授精由于避免了公、母牛的直接接触，因此可以防止与性交有关的传染性疾病及其他疾病的传播。

6. 精液可以长期保存和运输

精液的保存，尤其是冷冻精液的使用，极大地提高了公牛使用的时间性和地域性，母牛配种不受地方限制，并可开展国际间的交流和贸易，以代替种公牛的引进。

（二）人工授精的技术环节

1. 采 精

准备好采精场地和采精台畜（活台牛或假台牛），安装好假阴道。将公牛牵至采精架，让其进行 1~2 次空爬跨，以提高其性欲。采精员站立于台牛右侧，公牛爬跨时，右手持假阴道，左手托包皮，将公牛的阴茎导入假阴道内。公牛的后躯向前冲即射精，随后将假阴道集精杯向下倾斜，以便精液完全流入集精杯内。当公牛下台牛时，采精人员应持假阴道随阴茎后移，将假阴道外筒的开关打开，放掉内部的温水，当阴茎自行脱出时迅速自然地取下假阴道，立即送入精液处理室，取下集精杯，盖上集精杯盖。

采精时需要特别注意的是假阴道内壁不要沾上水。在冬季，应避免精液温度的急剧下降，宜将采精杯置于保温瓶或利用保温杯直接采精，以防精子受到温度剧变的影响造成冷休克。

2. 精液品质的评定

鲜精液精子活力不低于 0.6，精子密度不低于 8 亿/mL，精子的畸形率不超过 15%。冻精解冻后应在 38 ℃条件下镜检，精子的活力不低于 0.3 者，才可以输精。

3. 精液稀释及保存

用牛的常温保存、低温保存和冷冻保存的稀释液，按比例对精液进行稀释。分常温（15~25 ℃）保存、低温（0~5 ℃）保存、冷冻（-196 ℃液氮）保存。

4. 输 精

牛的输精方法有直肠把握子宫颈输精法和开膣器输精法两种。

直肠把握输精法技术性较高，比较难以掌握。但熟练以后，可获得较好的受胎效果，一般受胎率比开膣器输精法提高 10%~20%。同时，在输精过程中，能了解母牛内生殖器官的情况，一方面有利于准确输精，避免误配；另一方面可以及时发现生殖器官的疾病，便于治疗。此外，所用器械的消毒和准备也较简单，故此法得到广泛应用。

开膣器输精法操作比较简单，但难以将输精器插入子宫颈口内，而且开膣器对母牛阴道刺激较大，母牛不适而拱背，影响输精，对于阴道狭窄的处女母牛，易使其阴道黏膜受伤。另外，此法输精部位浅，精液常会流出，受胎率低，因此目前已很少使用。

任务二 妊娠诊断与接产

一、母牛的妊娠诊断与预产期推算

（一）妊娠诊断的意义

在养牛生产中，妊娠诊断尤其是早期妊娠诊断具有特别重要的意义。通过诊断，对已妊娠的母牛应加强饲养管理，以保证母体的健康，胎儿的正常发育，避免发生流产。对于配种后未妊娠的母牛，首先要找出未妊娠的原因，分析是否在配种时间、配种技术、精液品质和母牛生殖道状况等方面出了问题，以改进配种工作，及时复配，减少空怀，缩短产犊间隔，提高母牛繁殖率。对有严重生殖障碍、久配不孕、治疗效果不佳、生产力较低的个体，应考虑淘汰。

（二）早期妊娠诊断方法

母牛的早期妊娠诊断是指配种后 25~35 d 时进行的妊娠检查。主要方法如下：

1. 阴道检查法

可在母牛配种 30 d 后用开膣器进行检查。妊娠牛阴道黏膜干燥、苍白、无光泽，插入开膣器时阻力较大，干涩感明显，且发现子宫颈口偏向一侧，呈闭锁状态，有子宫颈黏液栓堵塞子宫颈口。不孕牛阴道与子宫颈黏膜为粉红色，具有光泽。

2. 直肠检查法

这是早期妊娠诊断最为准确可靠的方法。但需要熟练的操作和丰富的实践经验。妊娠母牛的子宫颈紧锁，质地变硬，孕侧子宫角基部稍有增粗，轻轻提起置于掌心，有液体波动感。触摸时反应迟钝，不收缩或收缩微弱。在卵巢表面可触及较硬的凹凸不平的黄体，卵巢体积也明显变大；触摸非孕侧子宫角有较强的收缩力、有弹性，而非孕侧卵巢无黄体，卵巢体积较小。妊娠 40~50 d 复检，两侧子宫角明显不对称，孕角变短增粗，柔软如水袋，触诊无收缩反应，可确定为妊娠。

3. 雌激素诊断法

母牛配种后 20 d 左右,用乙烯雌酚 10 mg,一次肌肉注时。已妊娠的母牛不表现发情,未妊娠的母牛可在第二天表现出明显的发情征状。激素的用量要准确,切不可过量使用。

4. 巩膜血管诊断法

母牛配种后 20 d,在眼球瞳孔正上方巩膜表面,若有明显纵向血管 1~2 条,细而清晰,呈直线状态,少数有分支或弯曲,颜色鲜红,则可判断为妊娠。此法有一定的准确性,可作参考。

5. 7% 碘酒法

收取配种 20~30 d 后的母牛鲜尿 10 mL,放入试管中,然后滴入 7% 碘酒溶液 2 mL,充分混合 5~6 min,在亮处观察试管中溶液的颜色,呈暗紫色为妊娠,不变色或稍带碘酒色为未妊娠。

6. B 型超声波诊断仪诊断法

用 B 型超声波诊断仪诊断母牛妊娠,是目前最具有应用前景的早期妊娠诊断方法。术前将母牛保定在保定架内,将尾巴拉向一侧,清除直肠内的宿粪,必要时可对母牛进行灌肠,以方便检查。使用 5 MHz 的超声波探头,将探头隐在手心中,在手臂和探头上涂以润滑剂,将探头送入母牛直肠内。怀孕 40 d 左右的母牛,可在显示器上看到一个近圆形的暗区,即为母牛的胎泡位置,证明母牛已经妊娠。随着胎龄增加,胎泡增大,形成的暗区也会增大。有的精密 B 型超声波妊娠诊断仪诊断方法是将探头放置在右侧乳房上方的腹壁上,探头方向朝向子宫角,通过显示屏查看胎泡大小和位置。

(三)预产期推算

为了做好分娩前的准备工作,必须较准确地推算出母牛的预产期,以编制产犊计划。奶牛预产期的推算采用"月减 3,日加 6",即配种月份减去 3、配种日期加上 6 即为预产期,黄牛及肉牛在日数上再增加 2~3 d。

推算时,若配种月份不够减(或得数为零时),需借一年(12 个月)再减;如果日期加 6 后超过 30,应减 30,减后余数为预产日,预产月份再加一个月。

例:某牛于 2009 年 9 月 27 日配种受胎,推算其预产期。

月数:9 − 3 = 6,日数:27 + 6 = 33,6 月份为小月,30 d,33 − 30 = 3。

该牛的预产期为 2010 年 7 月 3 日。

二、接产及产后护理

1. 接产前的准备

根据母牛的配种纪录,结合观察到的分娩征状,在母牛预计分娩前 2 周将其转入产房。

母牛入产房前，对产房要进行严格消毒，地面铺上清洁、干燥的垫草，冬天还要保证产房温暖，并保持环境安静。母牛出现临产征状时，要准备好接产的用具和药品，主要有脸盆、肥皂、纱布、药棉、剪子、缝合针线、助产绳以及碘酒、酒精等消毒剂。母牛阵缩开始，接产人员用 1% 来苏儿或 0.1%～0.2% 的高锰酸钾溶液清洗消毒母牛后躯，并争取让母牛左侧躺卧在产房适当位置，避免瘤胃压迫胎儿。

2. 接产方法

母牛分娩，要有专人值班，这在北方寒冷的冬季尤为重要。接产人员需掌握一定的接产技术，接产不当，会加剧难产的发生，甚至会引起产道损伤或感染。母牛的分娩属于正常的生理现象，无需过早人为干预，接产人员的职责主要是监视分娩过程，护理新生犊牛和产后母牛，发现分娩困难给予适当的协助。母牛正产时，胎儿的两前肢夹着头先出，是最佳产势。倒生时则两后肢先产出，这时应及早拉出胎儿，防止胎儿腹部进入产道后，因脐带被压在骨盆底下，造成胎儿的窒息死亡。

在分娩过程中，若胎膜已露出，胎儿的前置部位开始进入产道，可将手伸入产道，隔着胎膜，检查胎儿的方向、位置和姿势是否正常。如果正常，就不需要帮助，让其自行产出；如果胎儿的方向、位置和姿势不正常，就应顺势将胎儿推回子宫进行矫正，这时矫正比较容易。一般在胎膜露出时，胎儿的前肢会将胎膜顶破。如果胎膜露出而未破，可用手将其撕破，让胎儿的鼻端露出，并及时清除口腔和鼻腔黏液，防止胎儿发生窒息。

若母牛产程较长，阵缩、努责又乏力，羊水已流尽，产道干燥，这时应实施助产。助产人员可将少许液体石蜡倒在掌心，涂入产道，再用消毒过的产科绳系住胎儿两前肢系部，并用手指擒住胎儿下颌，随着母牛的努责一起用力拉出。当胎头通过阴门时，一人用双手捂住阴唇及会阴部，避免因母牛用力努责将阴门撕裂。胎头拉出后，拉的动作要缓慢，以免发生子宫翻转或脱出。当胎儿腹部通过阴门时，将手伸到胎儿腹下，握住脐带根部和胎儿一起向外拉。

总之，在助产过程中，首先要避免胎儿窒息死亡，向外拉时，切不可用力过猛，防止胎儿被拉伤及子宫翻转脱出；同时要保护母牛会阴，避免撕裂，保护脐带避免其断在脐孔内。

胎儿产出后，还须注意母牛胎衣的排出，胎衣排出后，要立即清除，防止母牛吃下，引起消化不良。若 12 h 仍不见胎衣排出，应找兽医进行处理。

3. 初生犊牛的护理

包括清除口鼻及身躯上的黏液，断脐带及喂初乳等。

犊牛产出后，应立即用毛巾或纱布将口腔及鼻腔周围的黏液擦净，以利于犊牛的呼吸。若遇假死（没有呼吸，但心脏仍在跳动），应及时进行抢救。方法有：① 将犊牛两后肢提起，倒出咽喉部羊水，再将犊牛放在前低后高的地方，用手推拉犊牛胸腹部。② 用两手抱住犊牛胸部，有节律地按压、放松。③ 用手适当用力拍打两肋以促使其呼吸。④ 将犊牛仰卧，握住两前肢，反复前后伸屈，牵动身躯，促进犊牛迅速恢复呼吸。⑤ 也可用棉球蘸上碘酒或酒精滴入鼻腔刺激呼吸。

母牛产后有舔食犊牛身上黏液的习惯，可让母牛尽可能舔干犊牛，如母牛不舔，可在犊牛身上撒些麸皮引诱母牛舔干，这样可以增加母子亲和力，并有助于母牛胎衣的排出。如母牛实在不肯舔，应尽快用抹布擦干犊牛身上的黏液，以免受凉而引起感冒。

多数犊牛生下后，脐带会自行扯断，在断端用 5% 的碘酒充分消毒。如未断，可在距腹部 6~8 cm 处用手扯断或用消毒剪刀剪断，断端用 5% 碘酒充分消毒。一般不需包扎，以利于干燥愈合。待犊牛能自行站立后，应及时帮助哺喂初乳。

4. 母牛产后护理

母牛产后，身体疲劳虚弱，异常口渴，这时可喂给温热麸皮盐水汤，即由麸皮 1.5~2 kg，食盐 100~150 g，用温热水 10~15 kg 调成。这样有利于母牛增加腹压、恢复体力、维持酸碱平衡、暖腹充饥。

清除产房内潮湿污浊的垫草，换上干净垫草，让母牛休息，这样可有效预防母牛产后感染。

恶露（血液、胎水、子宫分泌物等）的排出是产后母牛正常的生理现象。恶露的排出情况可反映子宫的恢复状况，产后第一天排出的恶露呈血样，以后逐渐变成淡黄色，最后变成无色透明黏液，直至停止排出，母牛恶露一般在产后 10~15 d 排完。如果恶露呈灰褐色，并伴有恶臭，且 20 多天不能排尽，或产后 10 多天未见恶露排出，是子宫内膜炎的表现，应尽早检查治疗。

产后母牛要给予易于消化且富含营养的草料，每次喂量不宜过多，以免引起消化不良，经 3~5 d 可恢复到正常饲养水平。同时要观察母牛的食欲和粪便情况。

任务三　牛繁殖新技术

一、同期发情与诱发发情

1. 同期发情

同期发情是指通过激素药物处理，将处于自然发情状态的一群母牛的发情周期进程调整为同步，使其在预定的时间内集中发情，人为地造成发情的同期化。实施同期发情可使牛群一系列繁殖生产过程，如配种、妊娠、分娩、犊牛培育、断乳等相继得到同期化。有利于节省劳动力和时间、便于人工授精技术的普及和推广，也便于在养牛生产中推行机械化和集约化管理。牛同期发情处理方法主要有 3 种。

（1）阴道栓塞法：将浸有一定量孕激素溶液的海绵塞置于阴道深处子宫颈口附近，药物被慢慢吸收，放置 14~16 d 取出，取塞当天肌注绒毛膜促性腺激素（PMSG）1 000 IU，用药后 2~4 d 内母牛出现发情。

（2）埋植法：将一定量的孕激素或混以消炎粉的孕激素装入有很多小孔的塑料细管（长 15~18 mm，外径 3 mm，内径 2 mm）或将药物装在有微孔的硅胶管中，用埋植器将管埋入耳背皮下，管内药物经管壁小孔被组织吸收，经 12 d 从切口处取出。取出当天，肌注 PMSG 1 000 IU，取管后 2~4 d 母牛出现发情。

（3）前列腺素（PGF_{2a}）法：子宫内注入 PGF_{2a} 1~2 mg 或肌注 PGF_{2a} 20~30 mg，同时

肌注 PMSG 1 000 IU。通过同时用药、同时溶解黄体的办法，达到同期发情的目的。

用于同期发情的激素类药物种类很多，效价不尽相同，应根据使用说明中的用量，考虑体重大小灵活使用。

2. 诱发发情

俗称催情，是指借用外源激素或其他方法诱发处于乏情状态的母牛表现正常发情，也称诱导发情。对于产后长期不发情或欲提前配种的奶牛以及一般乏情的母牛，可采用孕激素处理 1~2 周（方法同同期发情处理），可引起发情，若在孕激素处理的最后一天注射 PMSG 1 000 IU，效果更好；对于因持久黄体而长期不发情的母牛，可采用注射 PGF_{2a} 或其类似物，使黄体消退，引起发情。此法比自然情况下配种提前，可缩短母牛的产犊间隔，增加胎次，提高母牛繁殖率，在生产上很有实用价值。

二、胚胎移植

（一）胚胎移植的概念

胚胎移植（ET）是将良种母牛的早期胚胎取出，或者是由体外受精及其他方式获取的胚胎（体外胚），移植到数头或十余头同种的生理状态相同的健康母牛体内，使其继续发育成为新的个体，俗称借腹怀胎。提供胚胎的母体称为供体，接受并孕育胚胎的母牛叫受体。这是一种使少数优秀供体母牛产生较多的胚胎，给多个受体母牛妊娠、分娩，以增加良种后代的一种先进繁殖技术。如果说牛的人工授精技术极大地提高了良种公牛的配种效率，牛的胚胎移植则大大提高了优秀母牛的繁殖潜能。近年来，胚胎移植已在生产中广泛应用。

（二）胚胎移植原则

1. 胚胎移植前后的环境一致

也就是说胚胎在移植前后的生活环境和胚胎发育阶段的生活环境必须相适应。
（1）供体牛和受体牛在分类学上应属于同一物种。
（2）供体、受体母牛发情时间具有同期性，胚胎在移植前后所处的环境才有相似性。
（3）移植的胚胎在供体和受体内的位置应该相同或相近，这样才能保证环境条件一致。

2. 胚胎发育期限

胚胎收集和移植的期限（胚胎的日龄）不得超过周期黄体的寿命，最迟要在受体周期黄体退化前数日进行移植。对于牛来说，在输精后 6~8 d，胚胎发育到晚桑甚至早期囊胚阶段为宜，受体母牛也应在这一时间接受同龄胚胎的移入。

3. 胚胎质量

在胚胎移植过程中，胚胎的生命力不应受到不利因素的影响。经鉴定确认发育正常的胚胎，才能用于受体母牛的移植。

（三）胚胎移植的技术程序

1. 供体和受体母牛的选择

供体牛应选择有重要育种价值、生产性能高、生殖机能正常，已经证明对超数排卵反应良好的母牛，年龄在 3~10 岁。受体母牛应具有良好的繁殖性能和健康状态，泌乳性能较好，体型尽可能大一些，可防止难产，年龄 10 岁以下。每头供体母牛需准备 5 头以上受体母牛。

2. 供体和受体母牛的同期发情

供体和受体母牛的发情时间前后相差不超过 1 d，使两者生殖器官处于相同的生理状态，移植的胚胎才能正常发育。受体母牛的同期发情处理，与供体母牛超数排卵处理同期进行。冷冻胚胎，受体不用同期发情处理。

3. 供体母牛超数排卵和输精

超数排卵是指在母牛发情周期的适当时期，注射外源性促性腺激素（FSH 或 PMSG），诱发其卵巢上比在自然情况下有更多的卵泡发育并排卵的技术，简称超排。超数排卵技术的应用可充分发挥优良母牛的作用，是胚胎移植的一个重要环节。一般认为超排数量最好在 10 枚左右，太少会降低胚胎移植的实际意义，胚胎收集也有困难；超排过多会降低卵子的受精率。在发情周期的第 15~16 d，肌注促卵泡素 150~200 IU，每日 1 次，连续注射 3 次，或一次肌注 PMSG 2 000~3 000 IU，在超排处理结束 2~3 d 后发情。用优秀的公牛精液输精 2~3 次，每隔 8~12 h 进行一次。第一次输精的同时肌注 LH 150~200 IU。

4. 胚胎的采集

采集是用特殊冲洗液将胚胎从生殖道冲到容器中备用，故又称冲胚。胚胎采集分为手术法和非手术法两种。目前牛多采用非手术法，此法优点很多，不仅减少了手术对供体母牛的伤害，节约时间，降低成本，而且便于重复采卵，但采集效果不稳定。非手术法冲洗用杜氏磷酸缓冲液（PBS），采胚的时间以第一次输精后第 7 天为好，也可在第 6 天或第 8 天采集。采集通常用二路导管冲卵器，一路是气囊，充气用，另一路是注射并回收冲卵液，收集胚胎。

具体操作方法：在采胚前母牛禁水、禁食 10~24 h，将采胚母牛牵入保定架内，呈前高后低姿势。于采胚前 10 min 进行麻醉，在尾椎硬膜处注射 2% 普鲁卡因 4~5 mL，使牛镇静、子宫松弛，以利采胚。同时对外阴部进行冲洗和消毒，将带金属芯的冲卵管插入一侧子宫角，给气囊充气（10~20 mL），固定冲卵管，抽出金属芯，先灌入 30~50 mL 冲卵液，观察回流情况。同时隔着直肠对子宫角轻轻按摩，以促进冲洗液流出，尽可能将冲洗液全部收回。这样反复多次直至用完 300~500 mL 冲卵液为止。此时借直肠把握将金属芯插入冲卵管，放气，并把冲卵管从冲卵侧子宫角抽出，通过子宫体转向插入另一侧子宫角，重复以上操作，这样可减少污染。对青年母牛可先用子宫颈扩张棒扩张子宫颈。此外，为了减少冲卵管插入子宫时将子宫颈内黏液推入子宫，用黏液去除器将子宫颈的黏液吸除，同时也起到扩张子宫颈的作用。冲洗结束后可向子宫及生殖道注入青霉素、链霉素各一支以防子宫感染，同时肌注 PGF_{2a} 4 mL 或灌注 1.5 mL 溶解黄体，维持牛的正常性周期活动。

5. 胚胎检查

一般采用静置法，将盛装回收冲洗液的容器移至 37 ℃ 温箱内静置 10 min。待胚胎沉入容器底部，然后移去上层液，将下面的几十毫升冲洗液倒入平皿或表面皿，在立体显微镜下检查，先放大到 10~20 倍，然后再放大到 50~100 倍，细致观察胚胎形态及发育情况。将卵裂均匀、大小一致，外形完整，发育正常的胚胎用吸胚器移入含有 20% 犊牛血清的杜氏（PBS）培养液内，以备移植。

6. 胚胎的保存

在 15~25 ℃ 下保存胚胎只能存活 10~20 h，在 0~5 ℃ 下可以使胚胎存活数日。这两种方法可用于鲜胚移植；若把胚胎在液氮中冷冻起来，可以不受时间、地点的限制，也可免去受体同期处理，随时随地可以进行胚胎移植。

7. 移植操作

目前多采用非手术移植法。在发情后 7~8 d，即胚泡阶段进行。先检查黄体位于哪一侧和发育情况，然后握住子宫颈，用细管输精器或专用移卵器，将装有胚胎的细管放入输精器，按照直肠把握输精方法，插入有黄体侧子宫角深部，注入胚胎。为避免通过子宫颈时对受体母牛的强烈刺激，操作时应对受体母牛后躯做麻醉处理。操作中严格消毒，防止感染。操作要迅速、轻巧，不得对子宫造成损伤，目前鲜胚移植成功率达 60%~70%，冻胚为 45%~50%。

对术后的供体、受体母牛，要注意其健康状况，同时要注意它们在预定时间是否发情。供体牛下次发情时可照常配种，间隔 2~3 个月再作为供体。受体母牛不应发情，在适当时间进行妊娠检查。如确定妊娠，则需加强饲养管理；如受体牛未妊娠，下次还可作受体牛。

三、其他繁殖新技术简介

1. 体外受精

体外受精是指哺乳动物的精子和卵子在体外人工控制的环境中完成受精过程的技术。把体外受精胚胎移植到母体后获得的动物称为试管动物。体外受精已成为一项重要而常规的动物繁殖生物技术，在牛的品种改良中，体外受精技术为胚胎生产提供了廉价而高效的手段，对充分利用优良品种资源、缩短繁殖周期、加快品种改良速度等有重要价值。体外受精技术包括卵母细胞的采集，卵母细胞的成熟培养，体外受精。

2. 性别控制

性别控制是通过对牛的正常生殖过程进行人为干预，使成年母牛产出人们所期望的性别后代的一项生物技术。

（1）X、Y 精子的分离：依据两类精子头部 DNA 含量的差异以流式细胞器分类仪对 X、Y 精子进行分离，在家畜中，X 精子的 DNA 含量比 Y 精子高出 3%~4%。用分离后的精子进行人工授精或体外受精，对受精卵和后代的性别进行控制。这种方法对 X、Y 精子的分离准确率达 90% 以上。

（2）早期胚胎的性别鉴定：运用细胞学、分子生物学或免疫学方法可对牛附植前的胚胎进行性别鉴定，通过移植已知性别的胚胎可控制后代性别比例。目前，胚胎性别鉴定最有效的方法是胚胎细胞核型分析法和SRY-PCR扩增法。

3. 克隆技术

克隆是无性繁殖的意思，指由一个细胞或个体以无性繁殖方式产生遗传物质完全相同的一群细胞或一群个体。在动物中指不通过精子和卵子的受精过程而产生遗传物质完全相同的新个体的一项胚胎生物技术。哺乳动物的克隆技术包括胚胎分割和细胞核移植两种，一般仅指细胞核移植技术，其中又包括胚胎细胞核移植和体细胞核移植。

任务四　提高繁殖力的措施

一、母牛繁殖力指标

为提高牛群的繁殖力，应及时记录繁殖资料，定期统计、整理和分析，以便发现问题，并及时采取措施。常用于衡量母牛繁殖力的指标有以下几个：

1. 发情率

发情率指发情的母牛数占应发情的适龄母牛数的百分比。它表明母牛群的发情是否正常。

$$发情率 = \frac{发情母牛数}{应发情的适龄母牛数} \times 100\%$$

2. 受配率

受配率指受配母牛数占适龄母牛数的百分比。它表明牛群配种工作组织的好坏。

$$受配率 = \frac{受配母牛数}{适龄母牛数} \times 100\%$$

3. 受胎率

受胎率是指妊娠母牛数占已配种母牛数的百分比。它表明配种的效果，是衡量繁殖技术水平和母牛群体生产成绩的重要指标。常用总受胎率和情期受胎率来表示。两项指标的统计，均按繁殖年度计算。

（1）总受胎率：指全年受胎的母牛数占全年已配种母牛数的百分比。此项指标反映了牛群的受胎情况，可以衡量年度内的配种计划完成情况。

$$总受胎率 = \frac{全年受胎母牛数}{全年配种母牛数} \times 100\%$$

（2）情期受胎率：在一定的期限内受胎母牛数占该期内总配种情期数的百分比。它在一定程度上能反映输精的效果和配种的技术水平。

$$情期受胎率 = \frac{受胎母牛数}{配种情期总数} \times 100\%$$

4. 分娩率

分娩率指实际产犊母牛数占受胎母牛数的百分比。它反映保胎工作的水平。

$$分娩率 = \frac{实际产犊母牛数}{受胎母牛数} \times 100\%$$

5. 犊牛成活率

犊牛成活率指犊牛断乳时成活的头数占初生时活犊牛数的百分比。它反映犊牛培育的水平，犊牛断乳的时间一般按6月龄计算。

$$犊牛成活率 = \frac{断奶时成活的犊牛数}{初生时的活犊牛数} \times 100\%$$

6. 繁殖率

繁殖率指年度内出生的犊牛头数（不足月的死胎、流产不计算在内）占本年度初适繁母牛头数的百分比。它可以反映牛群的增殖效率，一般在下一年初统计。

$$繁殖率 = \frac{本年度出生的犊牛数}{本年度初适繁母牛数} \times 100\%$$

7. 产犊指数

产犊指数指产犊间隔（即母牛连续两次产犊的时间间隔，以平均天数表示）占所统计产犊母牛头数。它是牛群繁殖力的综合指标，表示繁殖母牛的连产性。

$$产犊指数 = \frac{每头牛连续两次产犊的间隔天数总和（天或月）}{所统计产犊母牛数}$$

二、母牛繁殖力降低的原因及对策

（一）母牛繁殖力降低的原因

1. 营养缺乏或过量

营养对母牛的发情、配种、受胎以及犊牛成活起决定性作用。日粮中能量水平长期不足，幼龄母牛将推迟性成熟和适配年龄，缩短一生有效生殖时间；成年母牛发情征状不明显或只排卵而不发情。母牛产前、产后日粮能量过低，也会推迟产后发情日期。对于已妊娠的母牛，能量不足可造成流产、死胎、分娩无力或生出软弱的犊牛，使繁殖力降低。母牛日粮能量过高也有碍受胎，多余的脂肪会沉积于生殖器官，使发情、受胎困难。

蛋白质缺乏，不但影响牛的发情、受胎和妊娠，还会使牛的体重下降、食欲减退，以至食入能量不足，同时导致粗纤维的消化率下降，直接或间接影响牛的健康与繁殖。

矿物质中的磷对母牛的繁殖力影响最大。缺磷会推迟性成熟，严重时，性周期停止。磷的食入量不足，还会使受胎率降低。钙对胎儿生长是不可缺少的，还可防止成年牛的骨质疏松症、胎衣不下和产后瘫痪。钙的缺乏和钙、磷比例失调，都会直接或间接影响繁殖。此外，一些微量元素，如钴、铜、碘、锰等对牛的繁殖和健康也起着重要作用，不可缺少。

胡萝卜素和维生素 A 与母牛的繁殖力有密切的关系，缺乏时可造成流产、死胎、弱胎。母牛缺乏维生素 A，常常发生胎衣不下。

2. 饲料发霉、腐败、含有毒有害物质

饲喂腐败、发霉、有毒饲料（如棉子饼中的棉酚，菜子饼中的芥子糖苷等），会影响母牛受胎、胚胎发育、胎儿的成活等。

3. 管理不当

对牛群的管理利用不当，繁殖技术水平低造成母牛繁殖力降低。乳用母牛泌乳过多或不正确地挤乳，役用母牛长期过重使役，均能使性机能紊乱或受抑制，导致发情不正常、着床受胎困难，降低受胎率。自由交配或群配时，公、母牛比例不当，公牛头数过少；人工辅助交配时公牛利用过度，交配不适时或公牛饲养管理不当；采用人工授精和冷冻精液时，采精、新鲜精液处理及保存各环节操作技术不过硬，或要求不严，造成受胎率下降；发情鉴定不准确导致的误配、漏配；未掌握好输精时间；输精技术不熟练；没有对空怀、流产母牛进行检查和治疗等，都使繁殖效率下降。

4. 气候和环境因素不宜

季节是最大的气候与环境因素，不同季节意味着温度、湿度、光照、饲料供应等因素的不同，都会影响牛的繁殖。过高或过低的温度均不利于牛的繁殖。如在夏季炎热和冬季严寒时，牛的繁殖率最低；春、秋两季气候适宜，繁殖效率最高。冬季发情受胎少的原因，主要是日照短和饲料中维生素含量低。夏季的高温会使甲状腺机能不足，使甲状腺素分泌量少而缩短发情持续期并减弱发情表现，高温还明显地增加了胚胎的死亡率。

5. 疾 病

对繁殖影响最大的疾病有两大类：① 传染病，包括布氏杆菌病、滴虫病、支原体病及生殖道颗粒性炎症等。② 非传染性的疾病，包括各种生殖道炎症，如阴道炎、卵巢炎、输卵管炎、子宫内膜炎、子宫囊肿、子宫颈炎、死胎、流产、难产及产后并发症等都能引起母牛繁殖力下降。

6. 先天性和生理性的不育

这类不孕的原因，多半是由于脑下垂体失调，内分泌系统和神经系统的紊乱所造成。使生殖器官发育异常、性机能失调等引起先天性和生理性不孕，如子宫颈狭窄、子宫位置不正、阴道狭窄、两性畸形、异性双胎的母犊、种间杂交的后代、幼稚病（功能性不孕）等。由于遗传或高度近亲造成的早期胚胎死亡也有发生。母牛在 4~6 岁时繁殖力最高，以后随着年龄增长，繁殖力减退，难妊的程度越来越大。

7. 公牛不育

造成公牛繁殖障碍的原因很多，主要是睾丸的造精机能障碍和副性腺的疾患，致使精液质量降低或恶化，以及由于配种过度或采精不当所引起的阳痿。

此外，自然交配也会增加母牛感染而引起流产和生殖器官疾病。

（二）提高母牛繁殖力的对策

1. 加强牛的营养供给

为牛提供均衡、全面、适量的营养，满足母牛对各种营养物质的需要。对初情期的牛，应注重蛋白质、矿物质和维生素的供应，尽可能给初情期前后的母牛供应优质的青饲料和牧草。要防止饲料中有毒有害物质引起中毒，因此，在种牛的饲养中，应尽量避免使用或限量使用棉子饼、菜子饼。

2. 加强管理

保持合理的牛群结构，注意种公牛的合理使用，做好母牛发情规律的记录，做好母牛的发情鉴定，适时而准确地输精。加强空怀、流产母牛的检查和治疗，配种后的母牛要检查受胎情况，以便及时补配、做好保胎及犊牛培育等工作。种用牛要注意运动，对于偏肥的牛可通过强迫运动，锻炼其体质。各操作环节都必须有严格的操作规程、周密的工作计划及检查制度。只有做好各个环节的工作，才能取得好的繁殖成绩

3. 充分利用有利的气候与环境条件

加强环境控制，保持良好的圈舍环境，尽可能避免炎热或严寒。在炎热的季节加强防暑降温，如给遮阳、通风等；在冬季则应注意防寒保暖。

4. 注重母牛繁殖疾病的防治

（1）对患传染病的牛，应严格执行传染病的检疫和防疫规定，及时处理。对疑似传染病引起的难孕牛或流产牛，应尽快查明原因，采取相应措施。普及人工授精技术，输精时做好消毒工作，以减少传染病的蔓延。

（2）针对各种非传染性的疾病，应根据发病的原因，从管理、药物治疗等方面着手，做好综合防治工作。

① 对卵巢功能失常等引起的不发情母牛，直肠按摩卵巢有活化卵巢的作用，注射促性腺激素，能恢复卵巢功能，促进卵泡生长。

② 慢性子宫内膜炎或其他生殖道疾病如持久黄体、卵巢发育不全是不发情的主要原因，用前列腺素的溶液直接注入子宫或肌注，对持久黄体具有明显的治疗效果，也可在直肠中挤掉黄体，可使母牛重新发情。

③ 对隐性发情的牛群必须加强试情或直肠检查，使隐性发情和发情持续期短的牛也能受孕。

④ 对持续发情的牛,注射绒毛膜促性腺激素效果好，也可用手在直肠中捏破囊肿的卵泡。用促性腺激素释放因子治疗，效果也很好。脑垂体或绒毛膜促性腺激素治疗后，囊肿卵泡璧

就黄体化，然后母牛恢复正常发情周期，在下一次发情时输精，常可受胎。虽然持续发情可用激素治愈，但对于同一头牛，几个泌乳期的复发率也较高，所以除治疗外，还得重视选种工作。

⑤ 对假发情的牛要仔细检查，不可盲目配种，以防流产。

5. 预防先天不育

先天不育的母牛，除幼稚病外，多数是属于永久性的，应及早从牛群中淘汰。对于幼稚病用垂体促性腺激素，特别是促卵泡素治疗是十分有效的。由遗传或高度近亲造成的早期胚胎死亡，必须对带有隐性致死基因的母牛严格淘汰。

6. 防止公牛引起的繁殖率降低

公牛引起的繁殖率降低严重性比母牛引起的繁殖障碍要大得多。因此必须高度重视，尽早发现，及时采取相应的措施，同时要对公牛作定期检查和精子鉴定。

7. 采用繁殖新技术

为提高母牛繁殖力，应推广应用适宜、成熟的繁殖新技术，如同期发情、超数排卵、胚胎移植等，诱导母牛产双胎，甚至多胎。

📖 复习与思考

（1）生产实践中如何判断母牛是否发情？

（2）母牛何时初配既不影响自身的生长发育，又有利于胎儿正常发育和终生生产性能？

（3）母牛发情后何时配种受胎率最高？怎样安排配种时间？

（4）常用的早期妊娠诊断方法有哪些？怎样诊断？

（5）某牛2012年3月26日配种，6月30日确诊已妊娠，预计何时产犊？

（6）简述母牛正常分娩的接产方法和新生犊牛的护理技术。

（7）什么是同期发情？如何进行？

（8）简述胚胎移植的原则和程序。

（9）如何计算发情率、受配率、受胎率、分娩率、犊牛成活率、繁殖率、产犊指数？这些指标能说明繁殖工作的什么问题？

（10）结合生产实际，试谈如何提高种牛场的繁殖效率。

学习情景三　牛的营养与饲料

项目一　牛的消化特性与营养需要

【知识目标】

（1）了解牛的采食特点；
（2）熟悉成年牛和犊牛的消化特点；
（3）能说出牛的营养需要特点。

任务一　牛的采食特点与消化特性

一、牛的采食特点

牛无上切齿，有一个灵活、有力、表面粗糙的舌。采食时依靠舌将饲料卷入口腔。每顿食量大，进食草料速度快而咀嚼不细，对异物的识别能力差。因此，在饲喂时必须注意以下问题：

（1）牛不能啃食过矮的牧草，牧草高度低于 5 cm 时，牛不易吃饱。
（2）不宜喂整粒子实料，否则食入的整粒料会沉入胃底，不能返回口腔重新咀嚼，不能消化而形成过腹料排出。最好将子实料压扁、浸软或破碎后饲喂。
（3）不要喂大块块根、块茎饲料，否则易发生食道梗阻。
（4）草料喂前要进行认真筛选，将混入的铁钉、铁丝、玻璃碎渣、塑料、有毒植物及发霉变质饲料拣出来，防止误食。否则铁器或玻璃会导致创伤性网胃炎、心包炎，或因误食有毒变质的饲料而发生中毒。

牛有竞食性，在自由采食时互相抢食。牛全天的采食时间为 6~8 h，放牧的牛比舍饲的牛采食时间长。当气温低于 20 ℃ 时，自由采食时间有 68% 分布在白天；当气温超过 27 ℃ 时，白天采食时间相对减少。天气过冷时，采食时间延长。牛一天有 4 个采食高峰期，即日出前不久、上午的中段时间、下午的早期和近黄昏，且以日出前不久、上午的中段时间为主。另外，牛干物质的采食量与其体重密切相关，生长肥育牛为体重的 2.4%~2.8%，肥育后期牛为体重的 2.0%~2.3%。

牛的采食量受许多因素的影响。饲料品质好时，采食量高；牛的生长期、妊娠初期、泌乳高峰期采食量高；环境温度较低时，牛的食量增加；环境温度高于 27 ℃ 时，采食量下降。

二、牛的消化特点

（一）成年牛的消化特点

1. 瘤胃消化

牛胃分为瘤胃、网胃、瓣胃和皱胃4个胃室，其中瘤胃容积最大。一般成年牛瘤胃容积占全胃总容积的80%。瘤胃不分泌消化液，但胃壁强大的肌肉环能强有力地收缩，使瘤胃进行节律性蠕动，以搅拌和揉磨食物。同时，瘤胃内有大量的微生物，对营养物质的分解、合成起着极其重要的作用。瘤胃内微生物分泌的纤维素酶可以对纤维素进行分解发酵，变成易于被牛吸收的挥发性脂肪酸（VFA）。瘤胃细菌可将饲料中的蛋白质和非蛋白氨化物降解为氨，这些细菌再利用氨和碳水化合物提供的碳架合成氨基酸，进而利用这些氨基酸合成微生物蛋白质，微生物蛋白质进入皱胃和小肠，被消化为氨基酸而被牛体吸收利用。瘤胃内细菌还可降解脂肪，对不饱和的脂肪酸进行氢化，使之变成饱和脂肪酸。瘤胃内还有合成维生素的细菌，可以合成大量的B族维生素和维生素K。饲料中70%~85%的可消化干物质、50%的粗纤维在瘤胃被消化，50%~70%的蛋白质在瘤胃被降解。因此，牛的第一个消化特点就是：瘤胃具有大量贮积、加工和发酵饲料的功能。

2. 反刍

食物在瘤胃内经过一段时间的浸泡和软化，再通过逆呕返回口腔，重新咀嚼并混入唾液，再咽下，这一过程叫反刍。反刍包括逆呕、再咀嚼、再混唾液和再吞咽4个过程。正常情况下牛进食后30~60 min开始反刍，每次反刍40~50 min，休息一段时间再行反刍。健康的成年牛，一昼夜反刍6~8次。因此，必须给牛足够的休息时间，以保证其正常的消化机能。因此，牛的第二个消化特点是：通过反刍，调节瘤胃的消化代谢。

饲料在瘤胃发酵过程中会产生多种气体，主要是二氧化碳、甲烷和氨等，气体刺激瘤胃壁的压力感受器，引起瘤胃由后向前收缩，压迫气体经食管由口腔排出，这一过程称嗳气。在嗳气过程中，部分气体会通过喉头转入肺，其中某些气体可被吸收入血，可能影响乳的气味。通过嗳气排出的甲烷是饲料能量的损失。牛平均每小时嗳气17~20次。

（二）犊牛的消化特点

1. 行为特点

处于哺乳期的犊牛在哺乳后总有不足之感，为此会产生相互吮吸嘴巴上的余奶，以致延伸到相互舔毛或吮吸乳头。牛毛进入胃中易形成毛球，甚至堵塞幽门而死亡；习惯性的吮吸乳头易引起乳头发炎。

犊牛断奶后有依恋原牛群现象。如将一头犊牛从牛群隔开，会使它产生强烈的逆境反应而紧张不安，甚至跳越围栏重新回到原来的牛群中，这对断奶牛分群管理特别重要。

2. 消化特点与瘤胃发育

犊牛的消化与成年牛有显著不同。犊牛初生时，瘤胃容积很小，机能不发达，皱胃的容积相对较大。瘤胃与网胃、瓣胃的容积之和，仅占全胃总容积的30%，而皱胃占70%。犊牛初生时，缺乏胃液分泌反射，直到吸吮初乳后，刺激皱胃，开始分泌胃液，才初步具有消化机能。但对植物性饲料仍不能消化。因为此时皱胃中胃蛋白酶作用很弱，仅凝乳酶参与消化。瘤胃、网胃和瓣胃是不具有消化作用的，也无微生物存在。犊牛出生1~2周后，由于采食饲料和饮水，微生物经口腔进入前胃并栖居繁殖，到3~4月龄时，瘤胃内才出现微生物区系。此后，瘤胃迅速发育，容积增大，4月龄时占80%，12月龄时，接近成年牛水平。犊牛出生后大约第3周出现反刍，腮腺能分泌唾液，犊牛开始选食饲料。如果早期喂给犊牛植物性饲料，可以促使瘤胃的发育，促进瘤胃微生物的繁殖，而瘤胃内发酵尾产物对瘤胃黏膜乳头的发育也有刺激作用。

3. 食管沟反射

食管沟是牛网胃壁上自贲门向下延伸到网瓣口的肌肉皱褶。哺乳期犊牛，在吸吮乳头的刺激作用下，食管沟闭合，形成一中空闭合的管道，将乳绕过瘤胃和网胃，直接进入瓣胃和皱胃进行消化，此过程称为食管沟反射。食管沟反射避免了乳进入瘤胃和在瘤胃中发酵产生消化障碍。在人工哺乳时应注意不要让犊牛吃乳过快而超过食管沟的容纳能力，导致乳进入瘤胃，引起不良发酵。

任务二 牛的营养需要

牛作为反刍动物，其特有的消化特点、不同经济用途和生产水平，决定了与其他畜禽不同的营养需要特点。

一、能 量

牛要维持机体正常机能和生产的过程中都需要能量。能量来源于饲料中的碳水化合物、脂肪和粗蛋白质。牛饲料中的纤维素和淀粉是牛体能量最主要、最经济的来源。碳水化合物经瘤胃微生物分解为挥发性脂肪酸（乙酸、丙酸和丁酸），被胃壁吸收，成为牛体能量的直接来源。乙酸与丁酸有合成乳脂肪中短链脂肪酸的功能，丙酸又是合成乳糖的原料。瘤胃内未被消化的淀粉与糖，在消化道后端被分解为葡萄糖。

在现代养牛业中，衡量牛的能量需要大多以净能（NE）来表示。"净能"为饲料总能减去粪能、尿能、嗳气排出的能和体热损耗。净能，是牛真正利用的能值部分，牛利用这部分能量维持基本的生命活动及进行生产（生长、产肉、产乳等）。因此可分为维持净能（以 NE_m 表示），增重净能（以 NE_g 表示）和泌乳净能（以 NE_v 表示）。为便于生产应用，奶牛以泌乳净能，肉牛以增重净能来表示牛的能量需要和饲料的能值。各类牛的能量需要请查有关的饲养标准。

二、粗蛋白质

蛋白质是生命的基础，一切组织和细胞均以蛋白质为主要构成原料。饲料中的含氮化合物总称为粗蛋白质，包括真蛋白质和非蛋白含氮物。饲料中的粗蛋白质进入瘤胃后，在微生物的作用下，分解为肽、氨基酸和氨，细菌和纤毛虫利用这些物质，合成菌体蛋白和纤毛虫体蛋白。这些微生物体蛋白及瘤胃内未降解的蛋白质进入皱胃和肠道后，经胃蛋白酶和肠蛋白酶的进一步分解，最终成为氨基酸，被牛体吸收利用。所以，牛对饲料蛋白质的氨基酸组成要求不高，在蛋白质饲料缺乏的情况下，为降低饲料成本，用尿素和铵盐等非蛋白含氮物喂牛，可代替一部分蛋白质饲料。为提高饲喂非蛋白含氮物的利用率和安全性，农作物秸秆氨化技术、脲酶抑制剂和尿素包被技术得到广泛应用。

三、矿物质

矿物质是牛体组织器官的重要组成成分，并参与机体的物质代谢，调节体液，有许多矿物质参与酶、氨基酸和维生素的合成，并与神经、肌肉的兴奋性有关。矿物质元素在体内不能互相转化或替代，日粮中缺乏或比例不当，均会影响牛体的生长发育、繁殖和生产性能。

在牛的饲养实践中，常量矿物质元素主要有钙、磷、钠、氯、钾等，我国牛饲养标准规定：维持需要每 100 kg 体重需钙 6 g，需磷 4.5 g，每产 1 kg 标准乳需钙 4.5 g，需磷 3 g；每 100 kg 体重需氯化钠 3 g，每产 1 kg 标准乳需氯化钠 1.2 g。补充钠和氯的方法是直接饲喂食盐，饲喂量为日粮干物质的 0.15% ~ 0.25%，或混合精料的 0.5%。

微量元素主要包括铁、铜、钴、硒、碘、锰、锌等。微量元素缺乏症常呈地域性分布，一旦缺乏常用微量元素，用添加剂来补充。可购买成品的微量元素预混料，或制成微量元素舔砖，或配制成牛用复合盐。常用的原料有硫酸铜、硫酸锌、硫酸亚铁、氯化钴、硫酸锰、亚硒酸钠、碘化钾等。在配合牛日粮时补充微量元素，一般不考虑饲料中微量元素的含量。

四、维生素

维生素是牛维持正常生命活动必不可少的一大类有机营养物质，可分为脂溶性维生素（包括维生素 A、维生素 D、维生素 E、维生素 K）和水溶性维生素（包括 B 族维生素、维生素 C、胆碱等）两类。牛瘤胃内的微生物能合成 B 族维生素和维生素 K，成年牛在正常情况下，不会发生 B 族维生素和维生素 K 的缺乏，主要应注意补充维生素 A、维生素 D、维生素 E，对瘤胃功能尚不健全的犊牛还应考虑补充 B 族维生素和维生素 K。补充维生素可饲喂含相应维生素的预混料。另外，饲喂玉米、胡萝卜可补充维生素 A；增强牛的运动和使其受阳光照射可补充维生素 D；补充亚硒酸钠维生素 E 合剂可有效地预防白肌病及犊牛猝死。

五、脂　肪

奶牛日粮中脂肪的含量达到 5% ~ 6% 时，利用率最好。在一般情况下，奶牛基础日粮本身脂肪含量仅为 3% 左右。饲料脂肪的性质与乳脂品质密切相关。研究表明，在高产奶牛和体质较差的泌奶牛的饲料中添加保护性脂肪可提高奶牛的产乳量，改善乳的品质。

六、水

水在牛的机体成分中占58%~60%,在奶中占80%以上。由此看出,水是牛生命活动中所不可缺少的,主要是参与饲料的消化吸收、代谢废物的排出和调节体温,缺水比缺其他营养物更易导致牛的代谢障碍。短时间缺水,可引起食欲减退、产奶量下降;较长时间缺水可导致含氮物代谢紊乱,废物排泄困难,使血液浓度和体温升高,体重下降直到死亡。

水的需要量受牛的体重、环境温度、生产性能、饲料类型和采食量的影响。牛的需水量较为恒定,夏天饮水量增加,冬季饮水量减少。一般每头牛的日需水量,奶牛为40~110 L,黄牛和肉牛为25~70 L。但在水源充足的条件下,一般不宜限制牛的饮水。冬季给牛的水只要保持不结冰即可,无需额外加热。

牛的饮水,不仅是数量问题,还应保证水的质量。当水内含盐量超过2%时,就会发生中毒,含过量亚硝酸和碱的水对牛有害,更不能污染氟、铅、砷和杀虫剂等毒物。

项目二 牛常用饲料的特性及合理利用

【知识目标】

(1)熟悉牛常用的各种饲料的营养特性;
(2)在养牛业中能科学利用非蛋白氮饲料和添加剂饲料;
(3)熟悉牛饲料的加工调制方法;
(4)能判断调制后饲料的品质。

【技能目标】

(1)会调制青贮饲料、氨化饲料和微贮饲料;
(2)会加工调制精饲料。

任务一 牛常用饲料的特性

牛饲料种类繁多,分类方法各不相同。若按照饲料的性质可将其分为青饲料、粗饲料、精饲料和饲料添加剂。也有人习惯把牛饲料分为粗饲料和精饲料两类。现在较为科学的饲料分类法是国际分类法,按照饲料的营养特性,将饲料分为八大类:粗饲料、青绿饲料、青贮饲料、能量饲料、蛋白质饲料、矿物质饲料、维生素饲料和饲料添加剂。

一、青绿饲料

青绿饲料是指含水量60%以上、富含叶绿素、处于青绿状态的植物性饲料。主要有天然牧草、人工种植的牧草、叶菜类、嫩绿树叶以及浮萍、水葫芦等水生植物。

这类饲料含水量高，含有丰富的优质粗蛋白质，维生素、矿物质含量高，无氮浸出物含量丰富，粗纤维含量低，钙、磷比例适宜，富含铁、铜、锰、锌等微量元素，但钠、氯含量不足。适口性好，消化率高，对牛的生长、繁殖、泌乳都有良好的作用，是牛理想的饲料。

青绿饲料长时间堆放，腐败发霉，易产生亚硝酸盐而导致中毒。高粱苗、玉米苗、马铃薯幼芽、三叶草等青绿饲料堆放发霉或霜冻枯萎易引起氰化物或氢氰酸中毒。草木樨发霉腐败也易引发中毒。

青绿饲料种类多，喂牛时要调节蛋白质与能量的平衡，科学利用。

二、青贮饲料

青贮饲料是以青绿的玉米植株或其他青绿饲料为原料，切碎后装填到青贮窖（池、塔、壕或塑料袋）内，在厌氧条件下经乳酸菌发酵，使pH下降到$3.8\sim4.2$，抑制了腐败菌的繁殖，调制而成的多汁饲料。含水量在$50\%\sim55\%$的青贮饲料称半干青贮。青贮饲料的营养价值因原料种类、利用时间、是否带穗而有很大的差异，其共同的特点是尽可能地保持了青绿饲料原有的营养特性，气味酸香，柔软多汁，粗纤维质地变软，适口性好，易于消化，是寒冷地区冬春季节奶牛的当家饲料。在配合牛的日粮时，与干草、秸秆等共同组成基础饲料。据调查，饲喂普通秸秆时，奶牛单产只有4 t左右，饲喂秸秆青贮时，单产大约为5 t，饲喂全株玉米青贮时奶牛单产很容易达到6 t。

三、粗饲料

干物质中粗纤维含量$\geqslant18\%$、自然含水量$<45\%$的饲料统称粗饲料。主要包括农作物的秸秆、秕壳、枯草期牧地的牧草、青干草、干树叶等。这类饲料的特点是体积大、粗纤维含量高，蛋白质含量差异大，钙、钾和微量元素含量较高，但磷的含量较低。调制好的优质青干草是牛最好的粗饲料，农作物秸秆中以玉米秸最好，小麦秸最差（春小麦秸好于冬小麦秸），喂牛前应进行氨化处理，以提高消化率和营养价值。

四、精饲料

精饲料主要包括禾本科子实与豆科子实。其共同特点为：体积小，粗纤维含量低，可消化营养物质含量高，是牛主要的能量和蛋白质补充饲料。

禾本科子实的干物质中以无氮浸出物（淀粉）为主，占干物质的$70\%\sim80\%$；粗纤维含量小于6%，粗蛋白质含量一般在10%左右，脂肪含量为$2\%\sim5\%$，脂肪酸为不饱和脂肪酸，钙少、磷多，含有较丰富的维生素B_1和维生素E，缺乏维生素D；除黄玉米外，均缺乏胡萝卜素。喂牛主要的禾本科子实饲料是玉米、高粱、大麦、燕麦等，是牛的主要能量饲料。

豆科子实饲料的营养特点是粗蛋白质含量高，占干物质的20%以上，无氮浸出物含量为

30%~50%，纤维素易被消化。钙、磷含量稍高于禾本科子实；钙少、磷多，缺乏胡萝卜素。豆料子实因富含可消化粗蛋白质，常被用作蛋白质补充饲料。

牛乳属于动物性蛋白质饲料，是犊牛不可替代的食品。

五、加工副产品

加工副产品主要包括三大类，即禾本科子实加工副产品糠麸类；豆科子实加工副产品饼粕类；酿造、制糖业副产品糟渣类。

糠麸类饲料是制米和制粉业副产品，制米的副产品称作糠，制粉的副产品则为麸，主要有米糠、麸皮、玉米皮等。这类饲料的粗蛋白质、粗脂肪和粗纤维含量均高于原粮，无氮浸出物和有效能值低于原粮，消化率低，钙、磷含量高于原粮，但钙少、磷多；富含 B 族维生素和维生素 E，而维生素 D 和胡萝卜素缺乏。麸皮粗纤维含量高，质地疏松，容积大，具有轻泻作用，是牛产前、产后的理想饲料。

饼粕类饲料是油料作物子实经压榨或浸提出植物油后剩余的副产品，可消化粗蛋白质可达 30%~45%，氨基酸种类齐全，含量丰富，营养价值很高；钙少、磷多，B 族维生素含量高，胡萝卜素较少。牛最常用的蛋白质饲料是大豆饼、大豆粕、棉子饼等。生豆饼（粕）中含有抗胰蛋白酶等抗营养因子，棉子饼中含有棉酚，在配合日粮时，要控制用量。

糠麸类饲料和饼粕类饲料在配合日粮时通常当精饲料使用。

糟渣类饲料主要是制糖酿酒业的糟渣类副产品，如酒糟、醋糟、豆腐渣等。营养成分随原料、加工工艺等有很大差别。一般粗纤维和水分含量高，不易贮存运输。鲜啤酒糟蛋白质含量高，饲用效价高，维生素 B_{12} 较丰富，含有未知的促生长因子，是促进奶牛产乳和肉牛育肥的好饲料。

六、矿物质饲料

可供牛饲用的矿物质，称矿物质饲料。主要用于补充钙、磷、钠、钾、镁、氯等。常用的矿物质饲料有石粉、碳酸钙、磷酸钙、磷酸氢钙、食盐、硫酸镁等。

七、非蛋白氮饲料

牛是反刍家畜，可利用如尿素、双缩脲、铵盐等非蛋白含氮物。1 kg 尿素约相当于 6 kg 的大豆饼提供的氮量，可补充饲料中蛋白质的不足。为提高尿素的利用率，日粮中的蛋白质含量以 9%~12% 为宜。日粮中应添加适当的淀粉质的精料，还要考虑饲料中钴、硫、钙、锌、锰、铜等矿物质的供给，以保证瘤胃中微生物的正常功能。尿素的安全用量以不超过日粮干物质的 1% 为宜。500 kg 左右体重的成年牛日喂量可达 150 g。饲喂尿素时，要将尿素分顿均匀地混拌到精饲料中，也可将尿素拌入青贮饲料中或将尿素水洒在干草上饲喂，或调制成氨化饲料饲喂。开始饲喂时要由少到多逐渐加量，应有 5~7 d 的适应期。中途若停喂，再喂时要重新过渡。犊牛由于瘤胃功能尚不健全，故不宜饲喂。不能将尿素掺入生豆类、苜蓿草等含脲酶高的饲料中饲喂，也不能将尿素溶于水中饮用，或空腹饲喂，喂尿素后 2 h 内不能饮水，以避免氨中毒现象发生。

为减缓尿素在瘤胃的分解速度，使瘤胃内细菌有充足的时间利用氨合成菌体蛋白，提高尿素的利用率和饲喂的安全性，可在添加尿素的饲料中加入脲酶抑制剂，或用糊化的淀粉对尿素包被，或制成尿素舔砖等。

双缩脲、异丁叉双脲、磷酸脲等在瘤胃中释氨缓慢，利用率高，较安全，但价格高。

八、牛的饲料添加剂

牛的饲料添加剂是为了补充营养物质、提高生产性能和饲料利用率、改善饲料品质、促进生长繁殖、保障牛体健康而加入牛饲料中的少量或微量物质。饲料添加剂包括营养物质添加剂和非营养物质添加剂两类。营养物质添加剂主要有氨基酸添加剂、维生素添加剂和微量元素添加剂；非营养物质添加剂主要有保健助长剂（如抗生素）、瘤胃调节剂（如脲酶抑制剂、碳酸氢钠等）、饲料存储添加剂（如抗氧化剂、防霉剂、风味剂）和抗应激添加剂等。

药物添加剂曾经给畜牧业带来了很大效益，但随着时代的发展，它引起的副作用也日益明显。低治疗量的抗生素作为添加剂，在消灭病原菌的同时，也消灭了机体有益的微生物，造成体内菌群失调；长期饲喂，还会产生抗药性，并在畜产品中残留，对公共卫生产生不良影响，直接威胁人类健康与安全。因此，滥用抗生素类添加剂如超量添加、不遵守停药期的要求，或者非法使用如催眠镇静剂、激素或激素样物质等，都会导致这类药物在牛肉、牛乳中残留超标。生产绿色牛肉、牛乳应尽量应用可替代抗生素、促生长激素的新型生物制剂，如益生素、酸化剂、酶制剂、酵母培养物、中草药、寡糖、磷脂类脂、腐殖酸等纯天然物质，或低毒无残留兽药添加剂替代抗生素类添加剂。首先要选择安全性较高、无药物残留的动物专用抗生素，避免选用易产生耐药性的药物；其次，使用方法应正确合理，必须与饲料混合均匀，并严格执行添加标准和停药期规定，以减少药物残留及耐药性。严禁使用禁用药物添加剂，严格控制各种激素、抗生素、化学合成促生长素、化学防腐剂等有害人体健康的物质进入牛乳，以保证产品的质量。

任务二　牛饲料的加工调制

牛饲料种类多，来源广，如未经加工调制，往往利用率低，适口性差，尤其是粗饲料更是如此。饲料经加工调制，可减少营养物质的损失，提高饲料的适口性和利用率。

一、精饲料的加工调制

精饲料多为禾本科和豆科植物的子实，种皮厚、壳硬、内部淀粉粒的结构坚硬致密，若喂前不经加工处理，会影响营养成分的消化吸收和利用。加工调制的方法主要有以下几种。

1. 粉　碎

粉碎是牛精饲料加工最常用的加工方法。牛的精饲料以粉碎到直径 1~2 mm 为宜。整粒玉米难以消化而从粪便中排出。值得一提的是,棉子以整粒饲喂为好,其表层棉纤维素在瘤胃内被消化,子实中的蛋白质和脂肪在皱胃内被消化,可提高其利用率。

2. 压扁与糊化

将禾本科和豆科植物的子实加热到 120 ℃左右,压成 1 mm 厚的薄片,迅速干燥。加热后子实中的淀粉糊化,豆科子实中抗营养因子也受到破坏,有利于消化吸收。

3. 湿润与浸泡

粉尘多的饲料在喂前用少量的水湿润有利于牛的采食和消化,又可预防粉尘呛入气管,同时可避免浪费。坚硬的子实和饼类在喂前浸泡可使其变得膨胀柔软,便于采食和消化。湿润和浸泡处理要掌握好水量、水的温度及浸泡时间,否则易造成变质及营养成分损失。

4. 制　粒

按照牛的营养需要,将几种饲料按一定比例充分混合,然后用制粒机将饲料压缩成直径 4~5 mm、长 10~15 mm 的圆柱形颗粒。颗粒饲料营养齐全,饲喂方便,能充分利用饲料资源,进行工厂化生产。

5. 蒸煮与焙炒

将豆科子实进行蒸煮处理,可改善适口性。通过加热处理,其中的抗营养因子失活,可提高消化吸收率。焙炒可使饲料中的淀粉转化为糊精而产生香味,将其拌入牛不爱吃的粗饲料中能改善适口性,增进食欲。

6. 发芽与糖化

将禾本科子实用温水浸泡 12~15 h,摊放在木质的下面有网眼的容器内,厚度 3~5 cm,上覆盖麻袋或炕席,经常喷洒清水,保持一定的湿度,放置在室温 20~25 ℃的室内,经 1 周左右即可发芽。大麦、青稞、燕麦和谷子发芽后可增加维生素含量,尤其适合饲喂种公牛。

在磨碎的禾谷类子实饲料中添加饲料量 2.5 倍的热水,搅拌均匀,放置在 55~60 ℃的温度下,经 4 h 左右,在淀粉酶的作用下,将饲料中的一部分淀粉转化为麦芽糖,可使饲料中的含糖量提高 10% 左右,提高了饲料的适口性。

二、青贮饲料的调制与质量标准

1. 青贮的原料

青贮饲料的调制主要依靠乳酸菌的作用,原料是含碳水化合物较多的玉米、高粱等禾本科作物青秸秆或牧草,用青豆秸等做青贮原料时须加入 5%~10% 的麸皮、米糠或玉米面等富含碳水化合物的饲料,以满足乳酸菌活动的养分需要。一般青贮原料的含水量为 65%~75%,半干青贮的水分含量为 50%~55%。青贮原料要适时刈割,贮料水分含量高时,要适当加入一些干草或干秸秆,水分不足的贮料要加水调节水分含量。喂牛的青贮饲料应铡短至

2~3 cm，只有铡短后才能压实，压实了才能保证乳酸发酵所需的厌氧环境。

2. 青贮的设备

青贮的设备主要有青贮窖、青贮塔、青贮壕、塑料袋等。应选在地势高燥、地下水位低、土质坚实、靠近牛舍的地方。青贮窖有地下式和半地下式两种，可建成圆筒形或方低沟形。条件允许时可建成砖石、水泥结构的永久型设施。大小可根据贮量、牛场规模及资金状况灵活选择。

拖拉机压实的青贮壕青贮的全珠玉米，每立方米贮量约为 750 kg。青贮窖贮玉米秸每立方米贮量约为 500 kg。

3. 玉米青贮的调制方法及步骤

青贮饲料的调制要点可概括为"六随""三要"。"六随"即随割、随运、随铡、随填、随压、随封；"三要"即要铡短、要压实、要封严。

（1）收割：优良的青贮原料是调制优质青贮饲料的基础。青贮饲料的品质除与原料种类和品质有关外，与收获期也直接相关。适时收割能获得较高的产量和营养价值。全珠玉米应在蜡熟期收割，豆科牧草或杂草宜在始花期收获，禾本科牧草在抽穗期收贮。青贮玉米、高粱最好采用收割、铡短、运输联合作业。青贮全珠牧草采用捡拾压捆包膜机械，制成可移动的压紧的草团堆垛存放，俗称"草罐头"。

（2）切短：根据贮料含水量、质地软硬、茎秆的粗细选择铡切的长度，一般原料可切短至 1~3 cm，如果植株茎秆粗硬，可使用兼有压扁或撕碎功能的机械铡切。

（3）装窖：装窖前要搞好窖内卫生，砖砌窖面周围要铺衬塑料薄膜，底部要平铺厚度 10 cm 左右的干长秸秆。逐层装填，层层压实，每层厚度 20~30 cm。根据窖形、容积和贮量可人工踩实，也可采用机械压实。装窖要一次完成，装填时间越短、青贮品质越好。

（4）封窖：装满后要立即封窖。装填的贮料应高出青贮设施边缘 1 m 左右，在上面覆盖一层 10~20 cm 厚的长秸秆，再用塑料薄膜包封，上面覆土 30~40 cm。

（5）管护：青贮窖周围 1 m 左右要挖排水沟，以便排水。周围还应设置防护栏，避免牲畜践踏。发现窖顶下陷严重或出现漏缝要及时修补，防止漏气、渗水。

4. 青贮饲料的取用

禾本科牧草青贮封窖 20 d 以上，玉米青贮和豆科牧草 40 d 以上即可开窖取用。取用时要用剁刀垂直切取，用多少取多少，一经开窖应连续取用，用后再用塑料薄膜盖严。

5. 青贮饲料品质的感官鉴定

青贮饲料品质的感官鉴定主要是观察青贮饲料的色泽、气味、质地等（表 1.3.1）。优良的青贮饲料 pH 为 3.8~4.4，乳酸含量较多，有少量的醋酸，不含酪酸。

表 1.3.1 青贮饲料感官评定标准

等级	色	味	嗅	质地
优等	绿色或黄绿色	酸味浓	芳香味重，具舒服感	柔软稍湿润
中等	黄褐色、墨绿色	酸中等、酒味	芳香味淡	软、稍干或水分多
劣等	黑色、褐色	酸味淡	臭、腐败味或霉味	干松或黏结成块

三、氨化秸秆的制作与质量标准

氨化饲料是在一定密闭条件下，用氨水、液氨或尿素溶液，按照比例喷洒在农作物秸秆饲料上，在常温下经一定时间的发酵处理，调制而成的适用于喂牛的粗饲料。经氨化处理过的粗饲料，由于氨对饲料的氨化、碱化综合作用，使秸秆质地变得柔软，植物细胞壁变得蓬松，含氮量提高，且具有一定的糊香味，适口性、营养价值、饲喂安全性和消化率均有不同程度的提高，是一种理想的粗饲料加工方法。

1. 氨化饲料的制作

秸秆氨化的方法有窖藏氨化、堆垛氨化或袋装氨化。窖藏氨化和袋装氨化设施的建造和处理与青贮设施基本相同。

按秸秆质量的 3%~5% 的量称取尿素，溶于水中，100 kg 干秸秆的用水量为 30 kg，分层均匀地喷洒在秸秆上，装填一层，喷洒一层，层层压实，尽量排除其中的空气，然后用塑料薄膜密封。也可用 25% 的氨水进行喷洒，氨水用量按秸秆质量的 12% 计算。也可先装填秸秆，再喷洒秸秆质量 15%~20% 的水，边装窖、边洒水，装满后将注氨管插入距窖底 1 m 处，注入占秸秆质量 3% 的液态氨。

2. 氨化饲料的保存和饲用

在窖中、垛内或塑料袋内氨化的秸秆只要塑料薄膜不破、不漏气，就可保证其氨化成功，并可较长时间保存。因此，在氨化期间要对氨化设施经常管护，防止鼠害、人畜践踏，防止雨水渗入。氨水和液氨处理的秸秆夏天需 1 周，春秋季需 2~4 周，冬季需 5~8 周，尿素处理需再延长 1 周，就可开窖或开垛（袋）饲用。在饲喂前一两天，取出晾晒，放走剩余的氨，大捆氨化的秸秆喂前要铡短。刚开始饲喂，牛大多不愿采食，可在氨化秸秆中拌入一些麸皮或加入青草诱导其采食。

3. 氨化秸秆的品质评定

氨化好的秸秆偏碱性，pH 为 8.0 左右，有糊香味和刺鼻的氨味，玉米秸秆还略带酸香味。手感蓬松柔软，无扎手感。经氨化的优质麦秸为杏黄色，玉米秸为褐色。若色泽灰白或褐黑，无糊香味而有臭味，黏结成块，则属劣质。

四、微贮秸秆的制作与质量评定

微贮饲料是采用生物发酵技术，利用有益微生物的发酵分解作用，在农作物秸秆中加入纤维素分解菌、酵母菌和有机酸发酵菌等高效复合微生物，在厌氧环境中经发酵而制成的一种带有酸香味、牛爱吃且易于消化吸收的粗饲料。

1. 微贮秸秆的制作

（1）菌种的复活：按照微贮秸秆量的需要将菌种用一定浓度糖液或生理盐水，在一定的温度下放置，使菌种复活为菌剂。

（2）菌液的配制：将复活好的菌剂按菌种使用说明，倒入等渗的盐溶液或水中，使菌剂稀释为菌液。

（3）装窖：在窖底铺一层塑料薄膜或10 cm厚的一层长秸秆，再将铡短的秸秆铺一层，均匀洒一层菌液，然后再压实，连续作业，直到超出窖口高度50 cm再封窖。菌液的喷洒量以手握紧贮料手指间有明显的水分，但又不滴水为好。

（4）封窖：在最上层压实的贮料中每平方米洒250 g食盐，上面再盖一层长秸秆，然后再用塑料薄膜封盖，并覆上30 cm厚的土层。

（5）开窖饲喂：封窖后4~5周可开窖饲喂。

微贮窖的管护和微贮饲料的饲喂及注意事项同青贮饲料。

2. 微贮秸秆的质量评定

调制好的干秸秆微贮饲料呈金黄色，青秸秆微贮饲料为橄榄绿色，具有醇香味或果香味，质地松软湿润。如呈墨绿色，有腐败霉烂气味，手感发黏结块则属于劣质微贮饲料，不能饲喂。

五、青干草的调制

青干草是将牧草、饲料作物适时刈割，经自然或人工干燥调制而成的能长期储存的粗饲料。青干草是养牛业的重要饲料。在生产实践中，要想获得青优质干草，必须做到适时刈割、合理干燥、科学储存。

（一）适时刈割

青干草的质量和产量与刈割时间密切相关。刈割的最佳时间应是牧草营养物质产量和牛对牧草的利用率最高的时候。豆科牧草一般在开花期刈割，禾本科牧草应在抽穗期收割。

（二）合理干燥

青干草的调制主要是青绿牧草或饲料作物的干燥过程，干燥的方法有自然干燥和人工干燥两种。目前在国内主要采用自然干燥法。

1. 自然干燥法

自然干燥法就是依靠太阳光的照射，使牧草的水分含量降低到20%以下。这种方法干燥时间长，营养损失多，质量差。常用的有地面干燥法和草架阴干法。

（1）地面干燥法。青草刈割后，在原地将青草摊开晾晒，经4~5 h暴晒，水分降到40%时，将青草堆成小堆，再晒4~5 d，当水分降到15%~17%时，堆成大剁存储。为加快干燥速度，可用牧草压扁机将茎干压裂后再干燥。

（2）草架阴干法。把收割后的青草在草棚的草架上自然晾干。这种方法可防止雨淋、地面湿度大回潮等引起的干燥时间长、营养损失多等现象。

2. 人工干燥法

人工干燥法是利用鼓风机或牧草烘干机对收割的牧草进行快速干燥的方法。包括常温鼓风干燥法和高温快速烘干法两种。

（1）常温鼓风干燥。是把经自然晾晒、含水量降到50%左右的干草，放在有通风道的草棚内，用鼓风机进行吹风干燥，分鼓风机侧置式和下置式两种。

（2）高温快速干燥法。用专用牧草烘干机在很短的时间内将青草的含水量降到15%左右。该法能最大限度地保持原料的营养价值，需专用机械，成本较高。

（三）科学储存

干草在储存初期，含水量仍然较高，要保持储存库的通风干燥，使干草进一步干燥。在储存期间要经常观察草垛，防止因潮湿引起的发霉、发热，甚至燃烧。达到安全储存水分15%~18%的干草要码垛堆放，用苫布覆盖，防止雨淋、日晒及牲畜践踏，同时要注意防火。

（四）青干草的品质评价

优质的青干草呈绿色，气味芳香，保持原有茎、叶、花蕾等部分的完整性，质地柔软，适口性好，无腐烂、变质和病虫害，水分含量在15%。

另外，在青干草的基础上，还可以生产草粉、草粒或压捆。草粉是将青干草粉碎而制成的，可用于生产全价配合饲料；草粒是在草粉的基础上，用制粒机再制成颗粒，也可按照一定的营养配比，配制成混合饲料后再制粒；压捆是将调制好的干草适当加水，用压捆机高压成型的过程。

📖 复习与思考

（1）解释：粗饲料 青饲料 能量饲料 蛋白质饲料 青贮饲料 饲料添加剂

（2）粗饲料、青饲料、能量饲料、蛋白质饲料、青贮饲料和饲料添加剂各有何营养特点？具体包括哪些饲料？

（3）说出非蛋白含氮物喂牛的方法及注意事项。

（4）养牛业如何科学利用饲料添加剂？

（5）精饲料加工有哪些方法，各有何优缺点？

（6）对青贮饲料的贮料有何要求？

（7）青贮饲料的调制要点可概括为"六随""三要"，其基本内容是什么？

（8）青贮饲料的品质如何评价？

（9）秸秆氨化和微贮有何意义？如何制作？

（10）现用尿素水溶液氨化秸秆，尿素的用量占秸秆质量的3%~5%，若100 kg秸秆的用水量按30 kg计算，现有6 t秸秆要氨化，试计算尿素和水的用量。

学习情景四　奶牛生产技术

"蜀宣花牛"是以宣汉黄牛为母本，选用原产于瑞士的西门塔尔牛为父本进行杂交改良，再导入荷斯坦牛血液，经横交固定和4个世代培育而成的乳肉兼用型新品种。具有生长发育快、乳用性能好、肉用性能佳、抗逆性强、耐粗饲、适应我国南方高温高湿和低温高湿的自然气候及农区粗放饲养管理条件等特点。

"蜀宣花牛"第4世代群体平均年产奶量为4 480 kg，平均泌乳期为297 d，乳脂含量4.16%，乳蛋白含量3.19%。

项目一　奶牛的生产性能

【知识目标】

（1）掌握乳用牛生产性能的评定方法；
（2）熟悉影响乳用牛产乳性能的因素。

【技能目标】

（1）能完成奶牛个体产乳量、群体产乳量、平均乳脂率和4%标准乳的统计计算；
（2）会测定牛乳密度和乳脂率；
（3）会绘制奶牛泌乳曲线。

任务一　奶牛生产性能评定

一、产乳量的测定与统计

（一）个体产乳量的统计指标

1. 测定方法

个体产乳量的记录是产乳量统计的基础，最准确的方法是将每头牛每日每次所挤乳直接称量，并且每日、每月、每年进行统计，但过于繁琐。因此，许多牛场一般用每月测 3 d 的产乳量，各次测定间隔 8~11 d，然后用下式估算全月的产乳量。

$$全月产乳量(kg) = (M_1 \times D_1) + (M_2 \times D_2) + (M_3 \times D_3)$$

式中：M_1、M_2、M_3 为测定日全天产乳量；D_1、D_2、D_3 为两次测定日间隔天数。

2. 个体产乳量的统计指标

（1）305 d 产乳量：指从产犊第 1 天开始到 305 天为止的总产乳量。实际产乳不足 305 d 者，记录实际产乳量并记录天数；超过 305 d 者，超出部分不计算在内。目前，中国奶牛协会以 305 d 产乳量作为统计一个泌乳期个体产乳量的标准。

（2）全泌乳期实际产乳量：是指产犊后第 1 天开始到干乳为止的累计产乳量。

（3）终生产乳量：终生产乳量是将母牛各个胎次的产乳量相加所得。各个胎次产乳量应以全乳期实际产乳量为准计算。

（二）群体产乳量的统计指标

群体产乳量的统计有成年母牛（应产乳母牛）全年平均产乳量和泌乳母牛（实际产乳母牛）全年平均产乳量两种。

$$成年母牛全年平均产乳量(kg) = \frac{全群全年总产乳量}{全年平均每年饲养成年母牛头数}$$

$$泌乳牛全年平均产乳量(kg) = \frac{全群全年总产乳量}{全年平均每天饲养泌乳牛头数}$$

式中：全群全年总产乳量是指从每年 1 月 1 日至 12 月 31 日的全群牛产乳总量；全年平均每天饲养成年母牛头数是指全年每天饲养的成年母牛数（包括泌乳牛、干乳牛、不孕牛、转入后和转出前死亡的成年母牛）的总和除以 365；全年平均每天饲养泌乳牛头数是指全年每天饲养泌乳母牛头数的总和除以 365。

二、乳脂率的测定与计算

1. 乳脂率测定方法

为了检测牛乳的质量，需测定乳中的乳脂率。常规的乳脂率测定方法有巴氏法和盖氏法，目前新发展出罗兹-哥特里氏蒸馏法，效率可大大提高，但所用仪器价格昂贵，应用还不普遍。

2. 平均乳脂率的计算

在全泌乳期的 10 个月内，每月测定一次，将测得的数值分别乘以该月的实际产乳量，然后将所得乘积相加，再除以总产乳量即得平均乳脂率。计算公式为

$$平均乳脂率 = \frac{\sum(F \times M)}{\sum M} \times 100\%$$

式中：$\sum$ 为累计的总和；F 为每次测得的乳脂率；M 为该次取样期内的产乳量。

乳脂率测定工作量大，为简化手续，中国奶牛协会提出在全泌乳期的第 2、5、8 泌乳月内各测定一次，然后用以上公式计算出平均乳脂率。

3. 4% 标准乳的换算

不同个体牛所产的乳，其乳脂率并不相同，为便于比较不同个体间产乳性能的优劣，以 4% 乳脂率的牛乳作为标准乳，将不同乳脂率的牛乳校正为 4% 标准乳，然后再进行比较。校正公式为

$$4\% \text{ 标准乳}(F.C.M) = M \times (0.4 + 15F)$$

式中：M 为含脂率为 F 的乳量；F 为实际乳脂率。

三、排乳性能的测定

1. 排乳速度

排乳速度是近 30 年评定奶牛生产性能的重要指标之一。最高流速是排乳速度中最有价值的因素，因最高流速与全期产乳量之间呈高的正相关，但最高流速测定困难。而最初 2 min 乳量占该次挤乳量的百分率这一性状的遗传力较高，且与最高流速的遗传相关也很高，因此，可以测定最初 2 min 乳量占该次挤乳量的百分率这一性状。测定时间为产后 15~45 d、135~165 d、255~285 d 各测定一次，以中午挤乳时测定为准，连续 2 天取其平均值。挤乳厅机器挤乳可直接读数，手工挤乳可用弹簧秤悬挂在三脚架上直接称取，以 0.5 min 或 1 min 排出的乳量（kg）为准。排乳快的奶牛有利于集中挤乳。

2. 前乳房指数

前乳房指数表示乳房对称的程度，4 个乳区的匀称发育是适应机器挤乳的必要条件。前后乳区的均匀程度不仅影响产乳量的高低，而且影响乳房健康状况。理想的前乳房指数应为 45% 以上。测定方法是用有 4 个乳罐的挤乳机进行测定，4 个乳区的乳分别流入 4 个玻璃罐内，由自动记录的秤或罐上的容量刻度，可测得每个乳区的乳量，计算 2 个前乳区的产乳量占全部产乳量的百分比，即为前乳房指数。

$$前乳房指数 = \frac{前两个乳区的产乳量}{总产乳量} \times 100\%$$

四、产乳指数（MPI）

产乳指数指成年母牛（5 岁以上）一年（一个泌乳期）的平均产乳量与其平均活重之比，这是判断产乳能力高低的一个有价值的指标。奶牛产乳指数一般大于 7.9。

五、饲料转化率的计算

饲料转化率是鉴定奶牛品质好坏的重要指标之一。其计算方法有两种：

1. 每单位质量（kg）饲料干物质生产牛乳的质量（kg）

计算方法是将母牛全泌乳期总产乳量除以全泌乳期实际饲喂的各种饲料干物质总量。

$$饲料转化率 = \frac{全泌乳期总产乳量(kg)}{全泌乳期饲料干物质总量(kg)}$$

2. 每生产单位质量（kg）牛乳需要消耗饲料干物质质量（kg）

计算方法是将全泌乳期实际饲喂各种饲料的干物质总量（kg）除以同期的总产乳量。

$$饲料转化率 = \frac{全泌乳期实际饲喂各种饲料干物质总量(kg)}{全泌乳期总产乳量(kg)}$$

任务二 影响产乳性能的因素

影响奶牛产乳量的因素很多，归纳起来有本身因素和环境因素两种。其中本身因素包括遗传（如品种、个体）、生理（如年龄、胎次、体型大小、初产年龄、产犊间隔和泌乳期），环境因素包括挤乳技术、饲养管理等。

一、遗传因素

1. 品 种

不同品种牛的遗传基础不同，产乳量和乳的成分差异很大。一般乳用牛的产乳量高于肉用牛和役用牛，在乳用牛中，经过高度培育的品种产乳量显著高于培育程度低的品种。

2. 个 体

同一品种内不同个体的牛因遗传基础有差异，即使在相同饲养管理条件下，其泌乳量和乳脂率差异也很大，甚至大于品种间的差异。

二、生理因素

1. 年龄与胎次

奶牛的产乳量随着年龄与胎次的变化而发生规律性的变化。初产母牛的年龄一般在 2~2.5 岁，随着年龄与胎次的增加，产乳量也随之增加，成年时达泌乳高峰，之后随着年龄与胎次增加，泌乳力逐渐下降。第一胎产乳量约为最高泌乳胎次产乳量的 60%~70%；第 2 胎为 70%~87%；第 3 胎为 90%~95%，4~7 胎时产乳量达到高峰期，在此之前，奶牛的产乳量随胎次增加逐渐上升，以后奶牛的产乳量依胎次增加呈下降趋势。这一规律也受奶牛成熟早晚与饲养条件的影响。早熟型的牛产乳高峰期来得较早，但下降也较早。良好的饲养管理条件，可以保持较缓慢的下降。牛乳的成分有随着年龄和胎次的增长而略呈降低的趋势，乳脂率与产乳量则呈负相关。

2. 初产年龄与产犊间隔

初产年龄过早，头胎产乳量少，不仅影响个体本身的发育，而且影响终身产乳量。初产年龄过晚则产犊胎次减少，这样不仅减少了产乳量，而且减少了犊牛的头数。一般在正常饲养管理条件下，奶牛体重达到该品种成年体重的 70%，15~17 月龄配种，24~26 月龄第一次产犊，不会影响牛体的正常生长发育，而且对其产乳量和繁殖力有良好的影响，能增加终身产乳量。奶牛最理想是一年泌乳 10 个月，干乳 2 个月，产犊间隔应保持一年一胎。若产犊间隔过长，产乳量受到影响，且牛一生中产犊头数减少，终生产乳量低，繁殖率降低。若产犊间隔缩短，泌乳期也短，因而也影响产乳。因此，奶牛产犊后应尽量使其在 60~90 d 内再度受孕，特别是 76~85 d，配种受胎率最高，超过 90 d 则明显下降。

3. 泌乳期内不同阶段

母牛从产犊后开始泌乳到停止泌乳的这段时间称为泌乳期。奶牛在一个泌乳期中产乳量呈规律性变化，分娩后头几天产乳量较低，随后产乳量不断增加，在 20~60 d 日产乳量达到该泌乳期的最高峰（低产母牛在产后 20~30 d，高产母牛在产后 40~60 d），高峰期大约维持 1~2 个月（高产奶牛高峰期可达 2 个月左右），然后产乳量逐渐下降。全泌乳期日产乳量随泌乳时间的变化规律为一条动态曲线，称为泌乳曲线（图 1.4.1）。该曲线反映了奶牛泌乳的一般规律，在生产实践中，可按这一规律来掌握生产周期，安排生产作业，进行科学饲养管理。

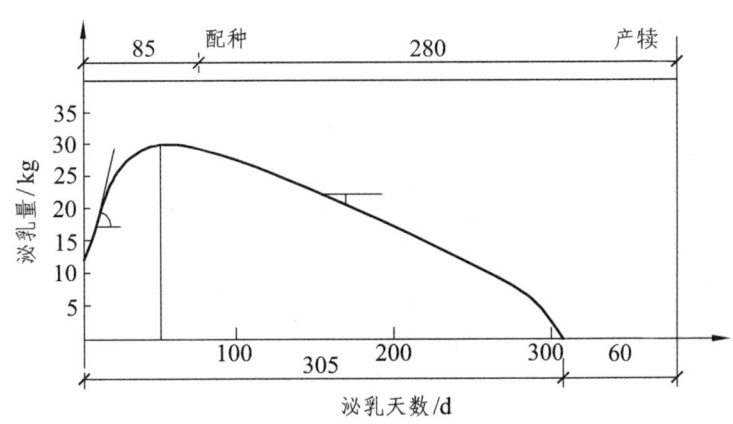

图 1.4.1　奶牛的泌乳曲线

4. 干乳期

母牛从停止挤乳到分娩这段时间称为干乳期。为了使乳腺组织获得一定的休整和更新时间，并补偿因长期泌乳导致母牛体内营养物质的消耗，恢复牛的体况，促使母牛体内贮存必要的营养物质,为提高下一胎产乳量,保证胎儿更好的生长,必须让母牛在分娩前有 2 个月左右的干乳期。实践证明,没有干乳期或干乳期太短,会降低下一个泌乳期产乳量和犊牛初生重,但干乳期过长,会使当胎的产乳量下降。

干乳期长短根据母牛的年龄、体况、泌乳性能、饲养管理条件等情况而定。一般为 45~75 d,平均为 60 d。对年产乳 6~7 t 的高产牛、营养不良、体弱及老龄牛、初产或早配母牛,干乳期要适当延长,以 60~70 d 为宜;而对低产牛、营养状况较好、体质健壮的壮年牛,干乳期可缩短到 45~50 d。

5. 体型大小

在一般情况下,奶牛体型大,消化器官容积大,采食量多,泌乳器官也大,故产乳量较高。据统计,在一定限度下,每 100 kg 体重可相应产牛乳 1 t,但超过一定限度时并无明显增加。奶牛体型大小是一项重要的育种指标。但过大的体型并不一定产乳量就多,而且体重过大,饲料消耗相应增加,占用牛舍面积较大,在饲养管理上并不有利。

6. 发情与妊娠

发情期间,由于性激素的作用,产乳量会出现暂时性的下降,下降幅度一般为 10%~12%。在此期间,乳脂率略有上升。母牛妊娠对产乳量的影响明显而持续,妊娠初期,影响极微,从第 5 个月开始,泌乳量显著下降,第 8 个月则迅速下降,直至干乳。

7. 疾　病

奶牛健康状况较差或患病时,泌乳量随之降低。尤其患乳房炎、乳头损伤、酮病、乳热症和消化道等疾病时,产乳量显著下降,乳的成分和品质也发生变化。其他如结核病、布氏杆菌病、口蹄疫等,均可降低产乳量,牛乳的品质也下降。

三、环境因素

(一)挤乳技术

1. 挤乳次数

挤乳次数直接影响母牛的产乳量。据报道,每天挤乳 3 次比挤乳 2 次可增加产乳量 10%~20%。而 4 次挤乳比 3 次挤乳提高 10%~12%。但挤乳次数过多,会增加劳动强度,也会影响牛的休息。一般日产乳在 15 kg 以下的奶牛,可采用 2 次挤乳制;而对日产乳量在 15 kg 以上的奶牛,则应采用 3 次挤乳制。可通常对高产牛和初产牛增加挤乳次数以促进泌乳机能的充分发挥,特别是高产奶牛。

2. 挤乳顺序

手工挤乳一般按以下顺序进行。
(1)直线挤乳。首先挤前两乳头,然后再挤后两乳头。
(2)一侧挤乳。先挤右侧两乳头,再挤左侧两乳头。

（3）交叉挤乳。先同时挤右侧前乳头和左侧后乳头，然后再挤左侧前乳头和右侧后乳头，交替进行。

（4）单乳头挤乳。按乳房每个乳头单独进行挤乳。

挤乳顺序以第三种效果较好。但第一种应用比较普遍。挤乳时牛的顺序按牛舍内的固定饲喂顺序进行。

3. 挤乳间隔

乳是在两次挤乳之间形成的，在挤乳后的 1 h 内最快，以后逐渐减慢。在挤乳时，增加挤乳次数，尽量使乳房内压减小甚至排空，则有利于乳的形成。因乳房中积存的乳不仅不能成为下次挤乳的积存量，并且对乳的分泌来说是一种障碍，既影响泌乳速度和挤乳量，又使牛乳在挤乳过程中成分不均匀，还容易造成乳房炎。因此，每次挤乳要将乳房完全挤净，且挤乳间隔应尽量均衡，并且不影响日常工作。如 3 次挤乳中可采用有 2 次各相距 7 h，另一次间隔 10 h 的挤乳。而且一旦建立起来的挤乳时间次序不可轻易改变，无规律的挤乳对产乳量影响很大。

4. 乳房按摩

由于排乳是在神经系统和内分泌的共同作用下完成的反射过程，所以挤乳前用热水擦洗和按摩乳房，可刺激神经反射，提高产乳量和乳脂率。试验证明，在不按摩乳房或按摩不充分的情况下，乳腺泡中的乳只有 10%~25% 进入乳池，在充分按摩乳房的情况下，乳腺泡中的乳有 70%~90% 进入乳池。另外，乳池中的乳，脂肪含量为 0.8%~1.2%，输乳管中的乳，脂肪含量为 1%~1.8%，乳腺泡中的乳，脂肪含量为 10%~20%。因此，每次挤乳时按摩乳房，有利于乳腺泡中的乳全部挤尽，能使泌乳量提高 10%~20%，乳脂率增加 0.2%~0.4%。

合理的挤乳次数，适宜的挤乳间隔，再加上乳房的精心按摩和熟练的挤乳技术是提高产乳量必不可少的重要条件。

（二）饲养管理

奶牛的饲养方式、饲喂方法、营养水平等都对产乳量有影响。其中营养物质的供给，对产乳量的影响最为明显。全价的营养、精心的管理可以显著提高产乳量。注意各种营养物质的合理搭配，给予一定量的青绿多汁饲料和青贮饲料，根据泌乳母牛的营养需要实行全混合日粮（TMR）饲养，经常刷拭牛体、修蹄，保证适当的运动，加强牛体和圈舍的清洁卫生，保持适宜的温度等日常管理环节是维持奶牛健康和高产的前提和保证。

（三）外界气候条件

奶牛最适宜温度是 10~20 ℃，外界温度升高到 25 ℃ 时，奶牛的呼吸频率加快，食欲不振，产乳量开始下降；空气相对湿度以 50%~70% 为宜，夏季湿度超过 75%，产乳量明显下降。低温、大风对产乳量也有较大影响，冬季风力达到 5 级以上，产乳量下降明显。

（四）产犊季节

母牛的产犊季节对泌乳量有一定的影响，在我国母牛最适宜的产犊季节是冬、春季。因为母牛分娩后的泌乳盛期,恰好在青绿饲料丰富和气候温和的季节,母牛体内促乳素分泌旺盛而平衡,且无蚊蝇侵袭,有利于产乳量的提高。夏季虽然饲料条件好,但由于气候炎热,母牛食欲不振,影响产乳量。实践证明,母牛全期产乳量最高是在冬、春季(12月至翌年3月)产犊,其次是秋季,夏季(7~8月份)产犊最低。

📖 复习与思考

(1)某农场有甲、乙两头牛,甲牛第2胎305 d产乳量为5 800 kg,乳脂率为3.6%;乙牛第2胎305 d产乳量为5 950 kg,乳脂率为3.4%。试比较两头牛的产乳性能。

(2)某牛场全年总产乳量为580 012 kg,全年每天饲养成年母牛数的总和为32 200头·日。计算出全年每头成年母牛的平均产乳量。

(3)解释:305 d产乳量、泌乳期实际产乳量、产乳指数。

(4)结合生产实际,谈谈影响母牛产乳性能的因素。

项目二 乳用犊牛的饲养管理

【知识目标】

(1)了解犊牛的特性;
(2)掌握犊牛的饲养操作规程;
(3)会犊牛的日常管理方法。

【技能目标】

会进行犊牛的断脐和断角操作。

生产实践中将犊牛的培育划分为两个阶段,即哺乳期阶段和断奶期阶段。其共同的特点是犊牛的生长发育旺盛,可塑性强。因此,要求科学饲养管理,满足生长发育各个阶段的生理要求,否则会影响犊牛各器官及体型的发育,较严重的影响生产力的发挥。培养好犊牛对提高牛群质量、充分发挥牛的生产能力至关重要,是养牛业的一个重要环节。

任务一 犊牛哺乳期的饲养管理

一、初生犊牛的护理

犊牛出生后,所处的环境发生了极大的变化。由母牛体内的恒温条件、胎盘营养、胎盘气体交换及受母体庇护免受外界微生物的侵袭等转变为生后通过自我调节体温来应对外界的温度环境，用自己的消化器官获取营养，用肺的活动来做气体交换，用自己的免疫系统来应对微生物的侵袭。由于初生犊牛各系统的功能不够完善，抵抗力较差，易发生各种疾病而导致死亡。所以，对初生犊牛必须加强护理，细心照料，预防疾病的发生，提高其成活率。

1. 出生前的准备

初生犊牛抵抗力弱，对外界环境条件适应能力差，易受各种病菌的侵袭而引起疾病，所以在犊牛出生前应预先准备清洁、安静、温暖的产房，要在地上准备好清洁、干燥、柔软的垫草。现在一般采用自然生产，如果产犊时间过长，奶牛生产无力，应进行必要的人工助产。

2. 及时清除黏液

犊牛出生时用消毒过的毛巾首先将犊牛口、鼻腔黏液擦去，以免妨碍呼吸。当犊牛已吸入黏液发生窒息时，应进行紧急救治。

3. 断脐带（图 1.4.2）

（1）从犊牛腹部向断端捋挤脐带，挤出血液；

（2）如果生后脐带已经扯断，则直到脐血管空虚、无血液残留时，在距犊牛腹部 10 cm 处剪断；

（3）将剪断后的脐带断端浸入 5%～10% 碘酊内消毒 1 min，每天 1 次，直到出生 2 d 以后脐带干燥时停止消毒。

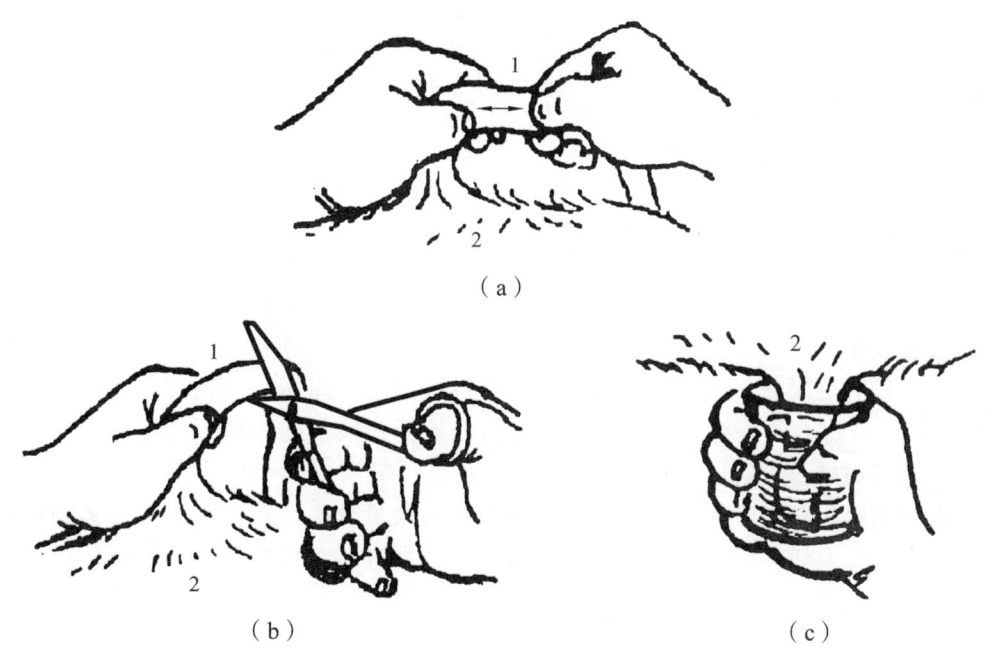

图 1.4.2　断脐带示意图

4. 擦干身体

断脐后用消毒过的毛巾擦拭犊牛以刺激皮肤,加强血液循环;也可将犊牛放在母牛面前,任其舔干犊牛身上的羊水、黏液,由于母牛唾液酶的作用,容易将黏液清除干净;也可将麸皮水擦在犊牛身上,这样可使奶牛更好地舔食;剥去蹄黄,便于犊牛站立;犊牛身体干后即可进行称重;护理完之后置于预先准备好的有清洁、干燥、柔软垫草的犊牛舍。

二、犊牛的哺乳及补饲

(一)哺喂初乳

1. 初乳的特性

初乳是指母牛分娩后 5~7 d 内的分泌乳,具有特殊的生物学特性,是初生犊牛不可缺少的营养品。

(1)营养丰富:母牛产后第一天分泌的初乳,干物质总量较常乳高 2 倍。其中蛋白质相当于常乳的 4~5 倍,钙、磷等矿物质含量也比常乳多一倍以上,还含有比常乳多几倍甚至十几倍的各种维生素(表 1.4.1)。

表 1.4.1 初乳与常乳的成分比较(%)

乳别	水分	干物质	蛋白质	蛋白质中		脂肪	乳糖	矿物质	煮沸时的凝固
				酪蛋白	球蛋白				
分娩时	70	27	17.6	5.1	11.4	5.1	2.2	1.0	+
产后 6 h	79	21	10.0	3.5	6.3	6.9	2.7	0.9	+
产后 24 h	89	13	4.5	2.8	1.5	3.4	4.0	0.9	+
产后 2 d	88	12	3.7	2.6	1.0	2.8	4.0	0.8	+
产后 7 d	88	12	3.7	2.6	0.8	2.8	4.7	0.8	−
常 乳	88	12	3.1	2.4	0.7	3.3	4.5	0.7	−

(2)防病免疫:初乳中含有溶菌酶和免疫球蛋白,能杀灭多种病原菌。犊牛出生后 24 h 内,其小肠黏膜具有直接吸收初乳中免疫球蛋白的能力,早吃到初乳,可以增强犊牛的免疫力。初乳具有较大的黏度,进入胃肠内可黏附于黏膜之上,阻碍病原菌侵入体内。初乳的酸度较高(45~50 °T),既能有效地刺激胃肠黏膜分泌消化液,促进犊牛的消化,又可使胃液变成酸性,抑制病原微生物的繁殖。

(3)舒肠健胃:初乳进入犊牛胃后,能刺激皱胃大量分泌消化酶,以促进胃肠机能的早期活动。初乳中含有较多的镁盐,具有轻泻作用,能促进胎粪的排出,防止自体中毒、消化不良和便秘。

2. 及时哺喂初乳

随着泌乳时间的延长,初乳中营养物质含量和防病免疫功能逐渐降低。犊牛刚出生时,小肠黏膜通透性强,对初乳中的免疫球蛋白直接吸收率最高,几乎达100%,2 h后为90%,4 h后为80%,20 h后为12%,24~36 h后仅吸收少量或不吸收。为使犊牛获得较多的营养和发挥初乳的特殊作用,犊牛生后应在1 h内哺喂初乳。喂初乳过迟或初乳喂量不足,犊牛都会因免疫力不足而发生疾病,增重缓慢,死亡率升高。

第一次要让犊牛吃足初乳,喂量是1.5~2 kg。第二次饲喂初乳的时间一般在出生后6~9 h,随着犊牛食欲的增加,初乳喂量可逐渐增加。每天按体重的1/8~1/10计算初乳的喂量,每日3~4次。每次即挤即喂,保证乳温。如果初乳挤下时间长,温度下降,应水浴加热至38 ℃再喂。但加温也不可过高,如超过40 ℃,初乳会凝固,不易消化。

犊牛应尽可能喂其亲生母亲的初乳,如母乳不足或因病不能利用,可喂产犊日期相近的其他母牛的初乳。如无同期初乳,可配制人工初乳。配法如下:将鱼肝油3~5 mL或维生素A 4 000~5 000 IU、鸡蛋2~3个、土霉素40~45 mg,加入1 kg鲜乳中,充分搅拌,加热喂给。最初1~2 d每天每头犊牛喂给30~50 mL液体石蜡或蓖麻油,第1次喂乳后灌服,以促进胎粪排除,胎粪排净后停喂。第5天起土霉素减半,2周时停用。

在初乳期内要用哺乳壶喂乳。当犊牛用力吸吮人工乳头时,由于刺激分布于口腔的感受器,可使食管沟反射完全,闭合成管状,乳汁会流入皱胃。人工乳头的质量要好,在其顶端用小刀割一"十"字形裂口,使犊牛吃乳时必须用力吸吮才能吸到乳汁。否则,人工乳头顶端裂口过大,犊牛不能产生吸吮反射,食管沟往往闭合不全,乳汁就会漏入瘤胃,引起异常发酵,消化不良,下痢,严重时导致死亡。每次喂完后,要及时将哺乳壶清洗消毒。犊牛每次哺乳之后1~2 h,应饮温开水(35~38 ℃)1次。如有较多的初乳剩余,可按以下方法进行贮存。

(1)冷冻法:将新鲜的初乳冷冻到0 ℃以下保存,一般可存放6个月。冷冻初乳解冻后可喂新生犊牛。

(2)发酵法:将干净的初乳放于一塑料桶或木桶内,有条件的加盖密封,待一定时间后(10~15 ℃室温需5~7 d,15~20 ℃室温需3~4 d,20~25 ℃室温需2 d)自然发酵成熟。如需快速发酵,可将发酵好的初乳作为发酵剂,按5%~6%的比例加入待发酵的初乳中,10 ℃时2 d,20 ℃以上1 d即可成熟。发酵的初乳在贮存期间,最好每天搅拌2次,以免产生泡沫和大量的凝块。

(二)哺喂常乳

犊牛经哺喂1周初乳后,即可转喂常乳。目前国内大部分奶牛场犊牛喂量为300~400 kg,哺乳期2~3个月。而少数体大或高产的牛群,可喂到600~800 kg,哺乳期为3~4个月。

具体喂量是:在以常乳为主要营养来源的1月龄阶段,每日喂量约为犊牛体重的1/10。2~3月龄随着草料的采食量增加,喂量逐周减少,由喂乳逐渐转为全部喂植物性饲料。

哺乳次数:1月龄内,每天可喂3次,以后减至2次,3月龄时1次,直到停乳。

为保证犊牛的正常消化机能,喂乳要坚持定时、定量、定温。每天按时、按量喂乳,乳温要保持在37~38 ℃。

(三)早期饲喂植物性饲料

为促进犊牛的生长发育,特别是瘤胃的发育,犊牛应提早训练采食植物性饲料。

1. 干　草

从生后 1 周开始训练其采食干草。在犊牛栏内投给优质干草，任其练习采食，自由咀嚼，这样既可促进瘤胃发育，又可防止舔食脏物、污草。

2. 精饲料

犊牛出生后 10 d 开始训练其吃精料。开始，可将玉米、小麦麸、大麦等混合粉碎，加入少量食盐煮成稀粥并加入少量牛乳，将粥料涂抹在犊牛的鼻镜、嘴唇上，或直接放在乳桶底部任其自由舔食，3~5 d 后，饲料由稀粥逐渐变成湿拌料，直至干粉料。

将精饲料放入犊牛栏旁的料盘任其采食。开始每天 10~20 g，以后逐渐加量。1 月龄时每天喂量 250~300 g，2 月龄 500 g 左右。

3. 多汁饲料

出生后 20 d 开始，在混合精料中加入切碎的胡萝卜或甜菜，最初每天 20~25 g，以后逐渐增加，到 2 月龄时，日喂量可达 1~1.5 kg。

4. 青贮饲料

2 月龄后开始喂给青贮饲料，最初每天喂给 100~150 g，3 月龄时可喂到 1.5~2 kg，4~6 月龄增至 4~5 kg。

在补料过程中，要细心观察犊牛的健康状况，以便及时调整饲喂量。每天早晨要注意犊牛的精神状态、行动和食欲。如发现异常，及时采取措施，进行处理，以保证犊牛健康。

为了预防犊牛腹泻，出生后 30 日龄内，每天喂给 1 万 IU 金霉素，特别是在饲养管理较差的条件下，更为重要。

（四）饮　水

虽然牛乳中含有大量水分，但牛乳中的含水量不能满足犊牛正常的代谢需要。因此要及早训练犊牛饮水。生后 1 周可在饮水中加入适量牛乳，或单独饮水。水温应在 36~37 ℃，10~15 d 后改饮常温水，1 月龄后可在运动场上设置饮水槽，任其自由饮用，但水温不宜低于 15 ℃。饮用水应符合畜禽饮用水水质标准。

三、犊牛哺乳期的管理

1. 哺乳卫生

犊牛进行人工喂养时，要注意哺乳用具的卫生，必须及时清洗喂乳、盛乳用具，并定期消毒。每次喂乳后，用干净毛巾将犊牛口、鼻周围残留的乳汁擦净，然后用颈架挟住 10 min 左右，防止互相乱舔而形成"舔癖"。"舔癖"危害很大，常使被舔的犊牛发生脐炎、乳头炎、睾丸炎（公犊），以致降低生产性能或丧失种用价值；同时相互舔吮吞下被毛而在胃内形成毛球，毛球往往会堵塞食道、贲门或幽门而致犊牛消瘦、死亡。

2. 犊栏卫生

犊牛出生后，要及时放进犊牛栏内。栏的大小为 1~1.2 m²，每犊一栏，隔离管理，一般饲养 7~10 d。然后转移到中栏饲养，每栏 4~5 头，用带有颈架的牛槽饲喂。2 月龄以上放入大栏饲养，每栏 8~10 头。犊牛栏及牛床要勤打扫，保持清洁干燥，常换垫草，定期消毒。舍内应阳光充足，通风良好，空气新鲜，冬暖夏凉。

3. 保健护理

犊牛时期，要加强防疫卫生和保健护理工作，定期进行检疫。犊牛发病率高的时期是出生后的前几周，发生的疾病主要是肺炎和下痢。发生肺炎的直接原因是环境温度骤变，而下痢则是多种疾病表现的临床症状之一。平时要注意观察（特别是早晨）犊牛的精神状态、食欲情况和行为表现有无异常，体温有无变化，粪便是否正常。肺炎对幼龄犊牛的健康威胁很大，平时应加强饲养管理，增强犊牛体质，减少感冒。下痢犊牛的尾巴及肛门周围多黏着粪便。如发现犊牛有轻微下痢，应减少喂乳量，乳中加水 1~2 倍；下痢严重时，应暂停喂乳 1~2 次，可饮米汤或温开水，并加入少许 0.01% 高锰酸钾溶液。

4. 加强运动

犊牛幼龄期活泼好动，应保证其充分的运动时间。在运动中，使犊牛接触阳光，进行日光浴，对犊牛的正常生长发育具有十分重要的意义。从出生 8~10 d 起即可开始在运动场做适量运动。天气晴好，生后 7~10 日龄，每日户外自由运动 0.5 h，1 月龄不少于 1 h，以后逐渐延长运动时间，每天应不少于 4 h。在放牧条件下，犊牛有足够的运动量，但要防止过量运动而导致体力消耗过大。遇恶劣天气如雨雪、大风等，要减少舍外运动时间。炎热夏天，中午要防止日光直接暴晒，运动场内要设置凉棚防止中暑，冬季遇风雪，要进入舍内防止感冒。

5. 刷　拭

刷拭可保持牛体清洁，同时可促进牛体表血液循环，增进牛体健康，又具有调教作用，使犊牛养成愿意接近人和接受护理操作的习惯。刷拭时，用软毛刷为主，必要时辅以铁篦子。手法宜轻，令其舒适。如粪结成块，不易刷去，则用水浸软后再除去。尽量避免用刷子乱挠犊牛的额部和角间，否则易养成顶撞的坏习惯。顶人的恶癖一旦养成，很难矫正。

6. 编　号

编号方法有多种，有烙号法、耳标法、剪耳法等。目前常用液氮冻号，方法简便，冻号清楚耐久。采用液氮冻号时，字号用导热性能良好的紫铜或铝合金制作。用铁筋做柄与字号相连，另一端装木制手柄。具体做法：先将牛在保定架内保定，清除欲冻号部位的泥土和污物，一般在尻部或左侧大腿上，然后剪毛，用酒精涂湿剪毛部位，将所需字号放入液氮内 2~3 s 后取出，放在牛体冻号处 15~20 s。冷冻后，该处皮肤变硬，形成冻伤，14~20 d 后成痂皮，以后痂皮脱落，便形成清楚耐久的字号。

7. 早期去角（图 1.4.3）

一般在犊牛出生 1 周内进行去角，最迟不能超过 2 个月。幼龄时去角，流血少、痛苦小、不易受到细菌感染。去角的牛比较安静，易于管理，可避免成年后相互打斗而受伤，尤其是乳房部位不致被跟随的牛顶伤。去角后所需的牛床及荫棚的面积较小，尤其是散放饲养和成群饲喂的牛，去角更为重要。

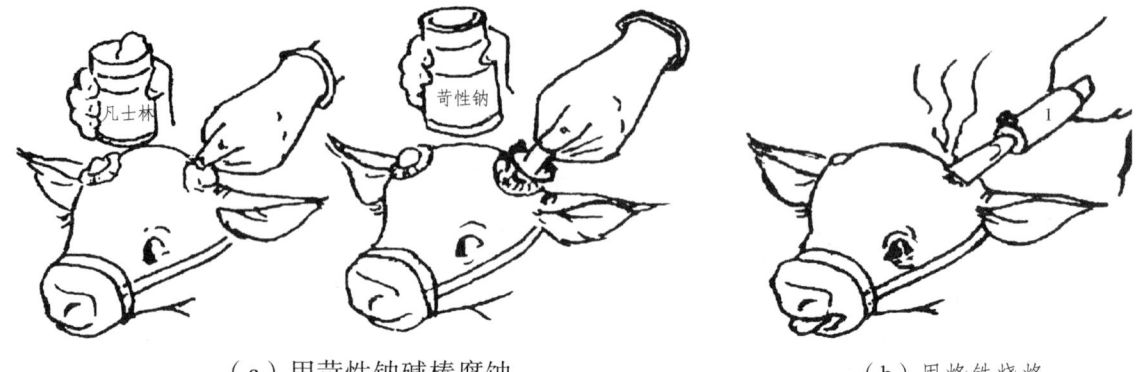

（a）用苛性钠碱棒腐蚀　　　　　　　　（b）用烙铁烧烙

图 1.4.3　早期去角示意图

（1）氢氧化钠（钾）棒去角：将牛角基部的毛剪除，用凡士林涂抹在角基部四周［以防涂抹的苛性钠（钾）流入眼内，伤及皮肤及眼］，然后用棒状苛性钠（钾）稍蘸水涂擦，擦至角基皮肤有微量血液渗出时为止。如有液体渗出，应用脱脂棉吸去，以免伤及皮肤及眼。操作时，术者要戴橡皮手套，防止烧伤。

（2）电烙铁去角：去角所用的电烙铁是特制的，其顶端呈杯状，大小与犊牛角的底部一致。通电加热后，电烙铁各部分的温度一致，没有过热和过冷的现象。使用时将电烙铁顶部放在犊牛角部烙 15～20 s，待成白色时，涂以抗生素软膏或硼酸粉，以防发炎。用电烙铁去角时奶牛不出血，在全年任何季节都可进行，但此法只适用于 35 日龄以内的犊牛。

去角后的犊牛要隔离饲养，防止互舔。夏、秋季注意发炎和化脓，如化脓，初期可用过氧化氢冲洗，再涂以碘酒，如出现由耳根到面颊肿胀，须进一步采取消炎处理。

8. 去掉多余副乳头

奶牛乳房上的副乳头在挤奶、清洗乳房时带来不方便，也易形成乳房炎。所以母犊牛生后 1 周内，用剪刀从副乳头基部剪去，涂以消毒药即可（图 1.4.4）。注意不要剪错，以免造成人为的损失。

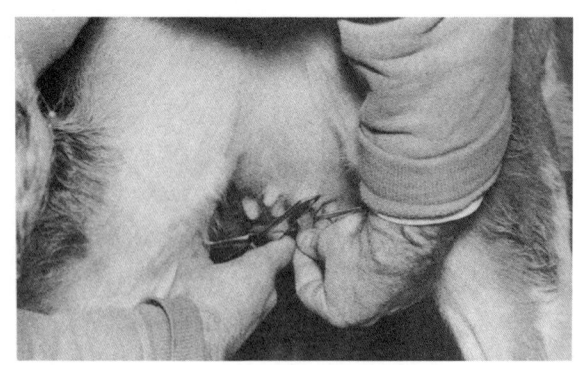

图 1.4.4　去掉多余副乳头

9. 预防免疫

严格按奶牛饲养兽医防疫准则进行疫病预防和免疫。

任务二　犊牛断奶期的饲养管理

一、犊牛早期断乳的优点

犊牛哺乳量过多和哺乳期过长，虽然可获得较高的日增重，但不利于消化器官的生长发育，影响牛的健康、体型及成年后生产性能。实施早期断乳，有利于犊牛消化系统等内脏器官的发育，尽早完善其功能，减少消化道疾病，提高犊牛断乳后的生长发育，还能节省大量的商品乳和劳动力，降低犊牛的培育成本。目前在多数畜牧业发达的国家采用哺乳期 3~5 周龄的早期断乳法。

二、早期断乳的关键措施

为保证犊牛早期断乳的成功，除提早补喂干草外，最主要的是必须配制与利用好人工乳、犊牛代乳料，并制订科学合理的早期断乳方案。

1. 人工乳的利用

人工乳是一种为节约鲜乳、降低培育成本、代替全乳而配制的人工乳粉或代乳粉，具有较高的营养价值和较低的纤维素含量，富含蛋白质和维生素，能保证犊牛的营养需要（表1.4.2）。人工乳冲调成流体状，应有较好的悬浮性及适口性。

表 1.4.2　几种人工乳配方（%）

组　成	配方1	配方2	配方3	配方4	配方5	配方6	配方7
脱脂奶粉	78.5	72.5	78.37	79.6	75.4	71.5	72.6
动物脂肪	20.0	13.0	19.98	12.5	10.4	20.0	19.4
植物油	—	2.2	0.02	6.5	5.5	—	—
大豆卵磷脂	1.0	1.8	1.0	1.0	0.3	1.0	1.0
葡萄糖	—	—	—	—	2.5	1.5	4.84
乳糖	—	9.0	—	—	—	—	—
粮食制品	—	—	0.23	—	5.4	5.86	2.0
维生素、矿物质	0.3	1.5	0.4	0.4	0.5	0.14	0.16

犊牛生后前 3 天喂初乳，从第 4 天开始，以一定量的代乳粉溶于 2 L 水中，水温应在 40~45 ℃之间，饲喂时温度不低于 38 ℃。代乳粉日喂 2 次，间隔时间约 12 h。在前 3 周，应选用高质量的代乳粉。代乳粉质量的优劣主要取决于蛋白质和脂肪的含量和类型，乳蛋白优于植物蛋白，动物脂肪优于植物脂肪。

在缺乏代乳粉或代乳粉质量不佳时，前几天，可选择代乳粉和常乳混合饲喂。第 4 天 2 kg 母乳加 0.5 kg 人工乳，第 5~6 天 2 kg 母乳加 1 kg 人工乳，第 7 天 1 kg 母乳加 3 kg 人工乳，第 8 天即可完全喂人工乳。

2. 犊牛代乳料的利用

犊牛代乳料是根据犊牛的营养需要用精料配制而成的，是犊牛从以哺乳为主转向完全采食植物性饲料的过渡饲料（表 1.4.3）。代乳料具有营养全面、适口性好、易消化的特点。形态为粉状或颗粒状，从犊牛生后第 2 周使用，任其自由采食。若犊牛长时间拒绝采食代乳料，可进行人工诱食。犊牛有舔舐人手的习惯，可手抓少许料，在其舔舐人手时将其送入口中或涂抹于鼻镜处，或将代乳料放到乳中饲喂。在低乳饲喂条件下，犊牛采食代乳料的数量增加很快。如果犊牛连续 3 d 每天可采食 1 kg 以上代乳料，就可断乳。这时可限制代乳料的给量，逐渐向普通饲料过渡。

表 1.4.3　几种代乳料配方（%）

名称	黄玉米	高粱	糠麸类	饼粕类	饲用酵母	磷酸氢钙或碳酸钙	食盐	维生素 A/（万 IU/kg）
1	30	10	20	35	3	1	1	0.5
2	23	20	20	35	—	1	1	0.5
3	43	—	15	40	—	1	1	0.5

3. 早期断乳方案的拟订

早期断乳犊牛的喂乳期一般为 30~45 d。上半年出生的犊牛可有 30 d 的喂乳期，下半年出生的犊牛由于受到高温和低温两种环境的不利影响，喂乳期可延长到 50 d。在生产实践中，断乳的时间可根据犊牛的日增重和进食量来确定，当犊牛日增重达到 500~600 g，犊牛料进食量高于 1 kg 时即可断乳。早期断乳犊牛的饲养方案见表 1.4.4。

表 1.4.4　早期断乳犊牛的饲养方案 [kg/(头·日)]

日龄/d	日喂乳	犊牛料	粗料
1~10	4	5~8 d 开食	训练吃干草
11~20	3	0.2	0.2
21~30	2	0.5	0.5
31~40	2	0.8	1.0
41~50	2	1.5	1.5
51~60	—	1.8	1.8
61~180	—	2.0	2.0

犊牛料配方组成（%）：玉米 50，麸皮 12，豆饼 30，饲用酵母粉 5，石粉 1，食盐 1，磷酸氢钙 1。哺乳期为 30 d 的犊牛，30~60 日龄每千克犊牛料中添加维生素 A 8 000 IU、维生素 D 600 IU、维生素 E 60 IU、烟酸 2.6 mg、泛酸 13 mg、维生素 B_2 6.5 mg、维生素 B_6 6.5 mg、叶酸 0.5 mg、生物素 0.1 mg、维生素 B_{12} 0.07 mg、维生素 K 3 mg、胆碱 2 600 mg。60 日龄以上犊牛可不添加 B 族维生素，只加维生素 A、维生素 D、维生素 E 即可。

犊牛料可按 1∶1 的比例加水拌匀后再加等量干草或 5 倍的青贮料搅拌均匀后喂给。

三、犊牛断乳期的饲养管理

断乳期是指犊牛从断乳至 6 月龄之间的时期。

断乳时犊牛瘤胃尚未完全发育，补充氨基酸（如赖氨酸、色氨酸和异亮氨酸等必需氨基酸）、过瘤胃保护的纤维素酶和半纤维素复合酶、无公害饲用微生物（乳酸杆菌、双歧杆菌、活性酵母）等，将有助于犊牛的生长，而低聚糖作为新型的绿色饲料添加剂近年来在国外也被广泛应用于饲料工业。上述饲料添加剂不仅能提高生长率、饲料转化率，而且不会残留。另外，早期断乳的犊牛，开始由于其消化器官对谷实类饲料、粗饲料的消化能力较差，所以犊牛会出现精神状态差、被毛粗乱、消化不良、拉稀等现象。为此，可接种瘤胃微生物，即当大牛反刍时，从其口中掏取少量食糜塞于犊牛口中，使瘤胃微生物尽早进入犊牛瘤胃，促进瘤胃、网胃的发育，使其提前具有较完善的消化粗饲料的能力。

粗饲料中，秸秆饲料不能喂得过多、过早，应确保饲料质量。而且此时正值犊牛消化、吸收、循环系统生长发育旺盛期，养分需要量大，要多喂优质粗料。随着犊牛月龄的增长，逐渐增加精料的喂量，至 3~4 月龄时每天喂量应达 1.5~2.0 kg，粗饲料以优质的禾本科及豆科牧草为主。精、粗饲料比一般为 1∶（1~1.5），4 月龄后调整为 1∶（1.5~2）。4 月龄后，改喂育成牛精料。

断乳犊牛精料的配制，营养浓度要高、营养要平衡、易消化、适口性好。

📖 复习与思考

（1）如何护理初生犊牛？
（2）初乳对犊牛有哪些特殊作用？
（3）如何为犊牛哺喂初乳及常乳？
（4）为何要早期饲喂植物性饲料？如何饲喂？
（5）如何对犊牛实施早期断乳？
（6）简述犊牛的管理措施。

项目三　育成牛的饲养管理

【知识目标】

（1）熟悉育成牛的特性；
（2）掌握育成牛的分阶段饲养技术；
（3）掌握育成牛的日常管理措施。

【技能目标】

会育成牛的分阶段饲养技术。

一、育成牛的特性

6月龄断乳至初产这一阶段的母牛，称为育成牛。育成牛生长发育迅速，较少发病，这一时期的培育，不仅要获得较高的增重，而且要保证心血管系统、消化呼吸系统、乳房及四肢的正常发育，提高身体素质，使其将来能充分发挥遗传潜力，高产长寿。

育成牛阶段，正值体型成熟，生殖器官强烈发育，消化器官急剧增大，骨骼、肌肉生长迅速，乳腺快速发育，第一次产犊前的乳腺发育与终生泌乳量有关。随着日龄的增加，胃肠容积和对粗饲料的消化能力逐步提高，犊牛阶段的发育不足，可在此阶段补偿。对日粮营养水平的要求逐渐降低，但Ca、P量需要大增，所以饲养管理可以稍粗放些，但也不要太粗放，否则体重不达标，影响初配。

二、育成牛的饲养

在饲养上，既要保证牛体充分生长发育，又不宜营养水平太高。要使其在16~18月龄配种时的活重不低于340~380 kg，但最高不超过450 kg。育成牛的日粮应以青粗饲料为主，补喂适量精饲料，对于个体的生长发育、生产性能及适时配种都是有利的。在有条件的地方，育成母牛应以放牧为主。冬、春季舍饲时应喂给大量优质干草及青贮饲料。

1. 7~12月龄

这是生长发育的最快时期，其性器官和第二性征发育很快，体躯向高度和长度急剧增长，同时，前胃已相当发达，容积扩大1倍左右。因此，饲养上要求供给足够的营养物质，日粮要有一定容积以刺激前胃的继续发育。除给予优质的牧草、干草和多汁饲料外，还需给予一定的精料。按100 kg活重计算，每天喂给青干草1.5~2 kg、青贮5~6 kg、秸秆1~2 kg、精料1~1.5 kg、石粉和食盐各25 g。日粮粗蛋白质水平为14%。12月龄育成牛的日粮中，可添加适量尿素。

2. 12~18月龄

为了刺激消化器官的进一步发育，日粮应以粗饲料和多汁饲料为主，少量补给精饲料，要保证在配种前其体重能达到成年牛的70%以上。按干物质计算，粗饲料占75%，精饲料占25%，并在运动场放置干草、秸秆等。日粮粗蛋白质水平为12%。

3. 18~24月龄

此期的育成牛已配种受胎，个体生长速度渐慢，体躯显著向宽、深发展。日粮应以品质优良的干草、青草、青贮料和块根、块茎类为主，精料可以少喂或不喂。但到妊娠后期，由于胎儿生长迅速，必须另外补加精料，每日 2~3 kg。按干物质计算，粗饲料占 70%~75%，精饲料占 25%~30%。

如有放牧条件，育成牛应以放牧为主，在优良草地放牧，可减少精料 30%~50%。但如草地质量不佳，则精料仍不能减少。放牧回舍，如牛未吃饱，仍应补喂一些干草和多汁料。

总之，培育育成母牛，应用大量粗饲料和多汁饲料、少量精料，以促进成年后高产性能的发挥。但对育成公牛，则要适当增加日粮中精料的给量，减少粗料量，以免形成草腹，影响种用价值。

三、育成牛的管理措施

1. 分群饲养

应按年龄、体重分群饲养，一个群体最好月龄差异不超过 1.5~2 个月，活重差异不超过 30 kg。

2. 定期称重

定期称取体重、测量体尺，检查生长发育状况。根据体重和发育情况适时配种。

3. 加强运动

没有放牧条件的舍饲母牛每天要保证 2 h 以上的运动，以增强体质、锻炼四肢，促进乳房、心血管及消化、呼吸器官的发育。

4. 按摩乳房

12 月龄后开始按摩乳房，每天 1 次，每次 5~10 min，18 月龄后的妊娠母牛每天按摩 2 次，每次按摩时用热毛巾敷擦乳房，产前 1~2 月停止按摩。在此期间，切忌擦拭乳头，以免擦去乳头周围的保护物，引起乳头龟裂或因病原菌从乳头孔侵入，导致发生乳房炎。

5. 调教、刷拭

要训练栓系、定槽认位，以便今后的挤乳管理。为了保持牛体清洁，促进皮肤代谢和养成温驯的习性，每天刷拭 1~2 次，每次 5~8 min。

6. 初 配

育成牛的初配时间，应根据月龄和发育状况而定，一般 16~18 月龄，体重达到 350~370 kg，体斜长不低于 150 cm，胸围不少于 165 cm 的体形即可配种。目前有提前配种的趋势，最常见的是 15~16.5 月龄初配。

7. 防流保胎

对妊娠的青年母牛要单独组群，防滑倒，防顶架，防拥挤，不急赶，不走陡坡，不饮冰渣水，禁喂发霉变质的饲料，精心管理。

📖 **复习与思考**

（1）育成牛有何特性？
（2）怎样正确饲养育成牛？
（3）简述育成牛的管理措施。

项目四　成年奶牛的饲养管理

【知识目标】

（1）了解成年奶牛各阶段的生理特点；
（2）掌握 TMR 的概念、特点、技术要点及应用注意事项；
（3）掌握成年奶牛各阶段的饲养管理技术措施。

【技能目标】

（1）能进行正确的挤乳操作；
（2）对各阶段成年奶牛能进行正确的饲养管理。

任务一　成年奶牛的常规饲养管理

一、饲养技术

1. 符合无公害要求

必须按国家《NY 5048—2004　无公害食品　奶牛饲养饲料使用准则》及《NY/T 5049　无公害食品奶牛饲养管理准则》等有关规定进行。

2. 饲料要多样搭配

奶牛的日粮应根据饲养标准合理搭配。要以青绿多汁饲料和优质干草为基础，营养不足部分用精料和其他添加剂补充。日粮的组成必须多样化且适口性好，应由 2 种以上的粗饲料（干草、青草等）、2~3 种多汁饲料（青贮、块根类）、3~4 种精饲料组成。做到以粗饲料为主，精饲料为辅；青贮为主，青刈为辅，坚持干草、青贮长年不断。饲料多样化，可使日粮营养达到全价，适口性强，能促进奶牛食欲并提高饲料利用率，从而保证奶牛身体健康，提高其产乳性能。粗饲料、精饲料的给量分别见表 1.4.5、表 1.4.6。

表 1.4.5　不同体重的奶牛粗料日给量（kg）

粗料量		中等给量				最大给量			
体重		300	400	500	600	300	400	500	600
不喂多汁饲料		10	11	12	13	14	15	16	17
喂多汁饲料	5~10	9	10	11	12	13	15	16	17
	15~20	7~8	8~9	9~10	10~11	12	14	15	16
	30~40	6~7	7~8	8~9	9~10	11	13	14	15

表 1.4.6　奶牛精饲料补给量（kg）

每日产乳量	<10	10~15	15~20	20~25	25~30	>30
每产1 kg乳精料量	0.1以内	0.15	0.2	0.25	0.3	0.35
每日每头精料量	1以下	1~2	2~4	4~6	7~9	10以上

3. 饲喂技术要科学

（1）定时、定量、少给勤添："定时"使消化液的分泌有规律。"定量"即每次上槽都要掌握饲喂量，保证奶牛吃饱。"少给勤添"即每次添草、添料数量要少，次数要勤，这样可使牛保持旺盛的食欲。

（2）稳定日粮：奶牛瘤胃内微生物区系的形成需要30 d左右的时间，一旦打乱，恢复很慢。因此，有必要保持饲料种类的相对稳定。在必须更换饲料种类时，一定要逐渐进行，以使瘤胃内微生物区系能够逐渐适应。尤其是在青粗饲料之间的更换，应有7~10 d的过渡时间，这样才能使奶牛能够适应，不至于产生消化紊乱现象。时青时干或时喂时停，均会使瘤胃消化功能受到影响，造成产乳量下降，甚至导致疾病。

（3）饲喂有序：目前国内普遍采取3次上槽饲喂、3次挤乳的工作日程。也有人建议，对于泌乳量3~4 t的奶牛，可实行2次饲喂、2次挤乳制度。但对于产乳量超过5 t的奶牛，应采取3次饲喂、3次挤乳制，否则产乳量平均下降16%~30%。

在饲喂顺序上，应根据精、粗饲料的品质、适口性，安排饲喂顺序。当奶牛建立起饲喂顺序的条件反射后，不得随意改动，否则会打乱奶牛采食饲料的正常生理反应，影响采食量。一般的饲喂顺序为：先粗后精、先干后湿、先喂后饮。如干草→青贮料→块根、块茎类-精混合料。但喂牛最好的方法是精、粗料混喂，采用混合日粮。

（4）防异物、防霉烂：由于奶牛的采食特点，饲料不经认真咀嚼即咽下，故对饲料中的异物反应不敏感，因此，饲喂奶牛的精料要用带有磁铁的筛子进行过筛，在铡草机入口处安装磁化铁，以除去其中夹杂的铁针、铁丝等尖锐异物，避免网胃-心包创伤。对于含泥土较多的青粗饲料，还应在水中淘洗，晾干后再进行饲喂。严防将铁钉、铁丝、玻璃、石砂等异物混入饲料喂牛。切忌使用霉烂、冰冻的饲料喂牛，保证饲料的新鲜和清洁。

4. 饮水要充足

水对奶牛十分重要，一般牛乳含水87%以上。据试验，日产乳50 kg以上的奶牛，每天需水100~150 L，中、低产量奶牛日需水60~70 L。如饮水不足，会使产乳量下降。最好在牛舍内安装自动饮水器，让奶牛随时饮上新鲜而洁净的水。如无此设备，每天至少应饮水3~4次，夏季天热时5~6次。此外，在运动场内应设置大水槽，经常贮满清水，使牛随时都能喝到。冬季水温不可过低，必要时可饮温水。水质要符合《NY5027 畜禽饮用水水质标准》。

5. 放置盐槽

牛乳中每天要排出大量的矿物质，如果饲料和饮水中矿物质供应不足，很容易导致奶牛出现"异食癖"。为防止此现象，可以在牛运动场中放置配有各种矿物质元素的盐槽，或悬挂"盐砖"任其自由舔食。

二、管理措施

1. 适当运动

产乳母牛通过运动，可增强体质，促进新陈代谢，尤其是舍饲的牛必须保证适当的运动量。如运动不足，易使体况变肥，影响产乳量和繁殖力，且会因体质下降而患病，如消化不良、肢蹄病、难产及胎衣不下等。因此，对于奶牛应每天保持3~4h自由活动时间。

2. 经常刷拭牛体

刷拭对促进奶牛新陈代谢、保持牛体清洁卫生和保证牛乳卫生均有重要意义。因此，奶牛每天应刷拭2~3次。刷拭时先用较硬的刷子或铁箅，再用较软的如棕刷进行。刷拭方法：饲养员以左手持铁刷，右手执棕毛刷，由颈部开始，由前到后、由上到下，依次刷拭。刷时先用棕毛刷逆毛刷去，顺毛刷回。碰到坚硬刷拭不掉的污垢部分，先用水洗刷，再用铁箅轻轻刮掉。盛夏气温高，为了促使皮肤散热，先用清水洗浴牛体后再行刷拭，既有利于卫生，又起到防暑、降温的作用。在冬季，则应以干刷为主。

3. 乳房护理

经常保持乳房清洁，对特大乳房要特别护理，防止外伤。定期检测隐性乳房炎，充分利用干乳期预防和治疗乳房炎。

4. 肢蹄护理

蹄的健康关系到经济价值。据报道，奶牛肢蹄疾病所造成的损失仅次于乳腺炎。蹄是奶牛重要的组成部分，牛蹄障碍（增生或疾病）可引起牛行动、站立不便，吃草料和饮水困难，导致产乳量下降。因此要注意保持蹄的卫生，蹄壁及蹄叉要洁净，及时将附着的污物清除掉。为防止蹄壁龟裂，要经常涂凡士林油等。蹄尖过长要及时修削矫正。正常修蹄一般每年春、秋各一次。

5. 卫生防疫

必须按照国家《NY/T388 畜禽场环境质量标准》及《NY5047 奶牛饲养兽医防疫准则》等有关规定进行环境调控和疫病防疫。

三、挤乳技术

挤乳操作是奶牛饲养管理的重要环节，正确的挤乳对维持奶牛健康，提高牛乳产量，改善牛乳的质量具有重要作用。

挤乳的方法有机器挤乳和手工挤乳两种。机器挤乳是实现奶牛业现代化不可缺少的生产环节，可大大减轻劳动强度、提高劳动效率，牛乳受污染的机会少，可使产乳量提高10%左右。但从当前来看，奶牛场中有些奶牛个体因前乳房指数小、乳头小等原因，尚不适应机器挤乳，仍需手工挤乳。

（一）挤乳前的准备工作

（1）挤乳员保持个人卫生：勤剪指甲，挤乳前用肥皂水洗手，保持手臂清洁。

（2）消毒用具，清洁牛体：首先要将所有用具和设备洗净、消毒。然后清除牛体上附着的污物，清扫牛床。准备好 40~45 ℃温水、挤乳桶、过滤用的纱布、毛巾及小凳等。

（3）擦洗乳房：用温热水擦洗清洁乳房，刺激乳腺神经兴奋，加快乳汁的分泌与排出，提高产乳量。方法是：先用湿毛巾擦洗乳头孔、乳头、乳房中沟及整个乳房，再用干毛巾自下而上擦干整个乳房。毛巾和水桶做到每牛专用。洗擦后立即进行乳房按摩。

（4）按摩乳房：通过按摩乳房，使乳房膨胀，加速乳汁的分泌和排出。按摩乳房时，用双手抱住右侧乳房，两手拇指放在乳房外侧，其余手指放在乳房中沟，自上而下、由外向内反复按摩，然后拇指在乳沟，其余手指在外侧，同样方法按摩左侧乳房。当乳房膨胀时，药浴乳头开始挤乳。大部分乳汁挤完时，再次按摩乳房 1~2 min，再挤乳，直到挤净。

（5）药浴乳头：用消毒液浸泡各乳头 20~30 s，用纸巾擦干后即可挤乳。

（二）挤乳方法

1. 机器挤乳

机器挤乳是牛、机器和挤乳员相互配合的挤乳工作。牛乳是最易受污染的食品，所以，机器挤乳前，除机器、牛和人保持清洁卫生外，挤乳厅、贮乳间必须保持清洁卫生。

（1）检验头把乳：套杯挤乳前用手挤出 1~2 把乳，检查有无异常。如无异常立即药浴，等待 30 s 擦干；如果患乳房炎应改为手挤，挤下的乳另作处理。

（2）套杯、开动气阀：套挤乳杯时不要吸入空气。在挤乳过程中，挤乳员要密切注意挤乳过程，及时发现问题及时处理。挤乳器位置不当可能使挤乳器向乳头上端爬，容易造成乳头损伤。同时还要避免过度挤乳，过度挤乳不仅延长挤乳时间，而且还会造成乳房疲劳，影响以后的排乳速度，甚至导致乳房疾病。所以，在使用挤乳杯不能自动脱落的挤乳机时，在挤乳快要完成时，用手向下按摩乳区，帮助挤干乳，然后关闭挤乳器真空 2~3 s，卸下挤乳杯。

（3）乳头消毒：挤乳结束后立即用专用消毒液（4%的次氯酸盐或0.5%的氯化已啶）或1.5%碘溶液浸洗乳头，以防细菌侵入。

（4）清洗机具：每次挤完乳后，清洗与乳接触的器具和部件，先用温水预洗，然后浸泡在专用洗涤剂中进行刷洗，再用热水清洗，晾干。

真空装置和挤乳器具应定期检修、保养、清洗、疏通。

2. 手工挤乳

手工挤乳时，挤乳员和挤乳方法不宜经常更换。具体程序如下：

挤乳员坐小凳于牛右侧后 1/3~1/2 处，与牛体纵轴成 50°~60° 的夹角。乳桶夹于两大腿之间，左膝在牛右侧飞节前附近，两脚向侧方张开呈"八"字形。手工挤乳通常采用压榨法（图 1.4.5）。用拇指和食指扣成环状压紧乳头基部，切断乳汁向乳池回流的去路，再用中指、无名指和小指依次压榨乳头，使乳汁由乳头流出，然后拇指和食指松开，其余各指也依次舒展，通过左右两手有节奏的压榨与舒展交替连续进行。此法用力均匀，不易污染牛乳，乳头不损坏不变形。挤乳速度要快，一般要求每分钟压榨 80~120 次，握力一般是 15~20 kg。整个挤乳时间在 6~8 min。

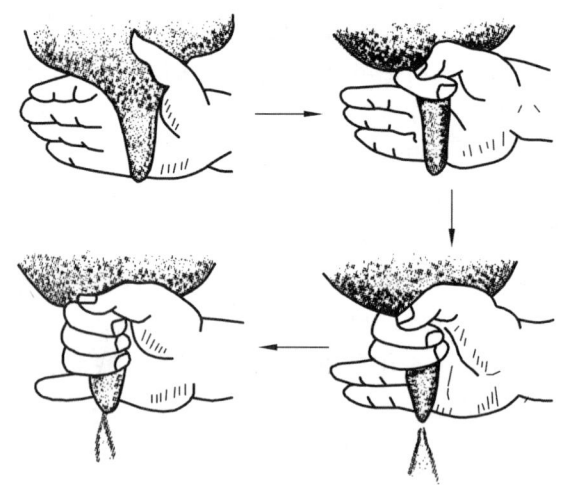

图 1.4.5　压榨法挤乳示意图

另一种是滑挤法，用拇指和食指捏住乳头基部，向下滑动，将乳挤出。此法容易使乳头变形或损伤。所以除少数初产牛因乳头特别短小者，一般不采用。

开始挤出的第一、二把乳因为含有大量细菌，应收集在专用的器具内，不挤入乳桶内，也不应挤在牛床上，以防污染垫草而传播疾病。

挤完乳后立即用消毒药液浸泡乳头，防止病原微生物的侵入。冬春季节挤乳后，乳头可涂抹硼酸软膏，以防乳头皮肤龟裂。挤乳结束后，及时将所有用具清洗、消毒，置于清洁干燥处备用。

四、夏季奶牛饲养管理要点

奶牛适宜的环境温度为 0~23 ℃，高产奶牛为 15~20 ℃。气温超过 25 ℃ 时，奶牛的产乳量明显下降。炎热的夏季，气温往往达到或超过 30 ℃，且持续时间较长，如果饲养管理不善，奶牛将会产生热应激反应，造成奶牛体温升高，呼吸加快，食欲下降，产乳量及繁殖率降低，甚至死亡。为减轻夏季高温对奶牛的影响。应采取如下措施：

1. 改善环境

在运动场搭凉棚，高 3~4 m、宽 5~8 m，所用材料应有良好的隔热性能。在牛舍内安装通风设施或电扇，加快牛体散热，喷水与风扇结合使用效果更好。有条件的牛场可在牛舍内安装喷雾设备，适当延长喷雾降温时间，以降低牛体表温度。若相对湿度大，牛体散热受阻加大，会使牛闷热。所以牛舍还需保持干燥、通风。早晚打开门窗，加快湿度的排除和有害气体的排出。

2. 营养措施

（1）适当增加日粮的营养浓度：采食量下降是造成夏季奶牛产乳量降低的重要因素，所以饲料中能量、粗蛋白质营养浓度要高些，但不能过高。夏天饲喂精料比平时可增加10%，平时喂豆饼占混合料的20%，夏天可增加到25%，但粗纤维含量不得低于17%，并多喂些胡萝卜、优质青草、菜类、瓜类等青绿饲料。此外，日粮中还可添加6%左右的过瘤胃脂肪。

（2）注意补充矿物质和维生素：炎热的夏天，由于奶牛的呼吸和排汗增加，常常会引起矿物质的不足，所以应增加钙、磷、镁、钠、钾等的喂量，添加日粮干物质1.5%钾、0.6%钠和0.35%镁，每头9~12 mg有机铬及维生素C、烟酸等有助于缓解奶牛的热应激。

3. 饲喂方法

（1）适当增加饲喂次数：可由日饲喂3次改为4次，增加夜间饲喂（早晨4~5点或晚上10点以后）。

（2）饲喂稀料：将部分精料调制成粥料，既能增加营养，又能满足对水分的需要。粥料成分为：精饲料1.5 kg，胡萝卜和干粕1.25~2.5 kg，水58 kg；给奶牛喂盐水麸皮汤能增强奶牛食欲，保证饮水量，调节代谢，有效控制产乳量下降。每次每头牛喂50 kg水，加食盐50 g、麸皮1~1.5 kg，每天喂3次。

（3）提供充足新鲜洁净的饮水：饮水充足有利于体液蒸发，带走多余的体热。因此，运动场要有充足的新鲜自来水，以保证奶牛饮水需要。水槽应放在阴凉、奶牛容易喝到的地方。在饮水中放入0.5%的食盐可促进奶牛消化。

4. 搞好牛舍和环境卫生

牛舍不干净会污染牛体，不仅影响牛体皮肤正常代谢，有碍牛体健康，而且严重影响牛乳卫生。因此，要勤打扫牛舍，清除粪便，通风换气，保持牛舍清洁、干燥、凉爽，定期消毒；夏天要经常用清水冲洗和刷拭牛体，以利牛体散热，保持牛体卫生；夏天蚊蝇多，不仅会干扰奶牛休息，还易传播疾病，因此要注意灭杀蚊蝇。

5. 预防为主，减少疾病

防止乳房炎、子宫炎、腐蹄病、胃肠疾病、食物中毒等，是保证奶牛夏季产乳量的关键。应采取如下措施：

（1）从5月份开始用1%~3%次氯酸钠液浸泡乳头。

（2）母牛生产后要注意胎衣脱落和恶露排出情况，产后 15 d 检查生殖器官，发现问题，及时治疗。

（3）每月 2 次用清水洗刷牛蹄，并涂以 10%～20% 硫酸钠溶液。

（4）每天刷洗 1 次食槽和水槽。

（5）做好卫生防疫和环境消毒。

任务二　奶牛全混合日粮（TMR）饲养技术

一、全混合日粮（TMR）的概念与特点

1. TMR 饲养技术的概念

TMR 饲养技术是根据奶牛不同泌乳时期所需的各种营养成分的数量和比例，把铡切成适当长度的粗饲料与精饲料、矿物质饲料、饲料添加剂等按一定比例，经专用饲料搅拌机充分混合成含水量为 45% 左右的饲料喂牛的先进饲养技术。

2. TMR 饲养技术的特点

（1）TMR 饲养技术可进行大规模工厂化生产，使饲养管理省工、省时，提高规模效益及劳动生产率；也可实现一定区域内小规模牛场的日粮集中统一配送，从而提高乳业生产的专业化程度。

（2）TMR 饲养技术便于控制日粮的营养水平，改善饲料的适口性，提高奶牛干物质采食量、产乳量、乳脂率和非脂固体物。

（3）可有效地防止消化系统机能紊乱。TMR 技术将日粮各组分按比例均匀地混合在一起，避免牛挑食，奶牛每次采食的饲料都含有营养均衡的养分。可防止奶牛在短时间内因过量采食精料而引起瘤胃 pH 突然下降，与同等情况下精、粗分饲的奶牛相比，其瘤胃 pH 稍高，更有利于纤维素的消化分解。能维持瘤胃微生物的数量、活力及瘤胃内环境的相对稳定，使发酵、消化、吸收及代谢正常进行，有利于改善饲料利用率，减少疾病（如真胃移位、酮血症、产乳热、酸中毒、食欲不振及营养不良等）的发生。

（4）TMR 可以充分利用当地饲料资源，最大限度地使用低成本饲料配方，降低饲养费用，提高经济效益。

（5）可保证奶牛稳定的日粮结构，同时又可灵活地安排最优的饲料与牧草组合，从而提高草地的利用率。有利于 NPN 的合理利用，可防止奶牛氨中毒。

二、TMR 饲养的技术要点

1. TMR 日粮的制作

（1）TMR 搅拌机机型的选择：常用的 TMR 搅拌机有立式、卧式和牵引型等。最好选择

立式搅拌机。使用这种机型，草捆无须另外加工，混合均匀度高，搅拌罐内无剩料，维修方便，使用寿命长。

（2）严格按日粮配方投料：保证各组分精确计量，定期校正计量控制器。

（3）精选原料：加料过程中，防止铁器、石块、包装绳等杂质混入搅拌车，造成车辆损伤。

（4）控制每批次填料量：根据搅拌车的说明，掌握适宜的填料量，避免过多装载，影响搅拌效果。通常装载量占总容积的60%~75%为宜。

（5）填料顺序：合适的填料顺序是先粗后精，先干后湿，先轻后重。按照干草、农作物副产品、青贮、糟渣类、精料的顺序加入。边加料边搅拌。

（6）搅拌时间：掌握搅拌时间的原则是确保搅拌后TMR中至少有20%的粗饲料长度大于3.5 cm。一般情况下，最后一种饲料加入后搅拌3~6 min即可，避免过度混合。

（7）效果评价：搅拌好的TMR日粮，精、粗饲料混合均匀，松散不分离，色泽均匀，新鲜不发热、无异味，不结块。

（8）水分控制：根据青贮饲料及农作物副产品等的含水量，控制好TMR日粮水分，一般为40%~50%。

2. 合理分群

定期测定个体牛的产乳量、乳脂率、乳蛋白，每月评定奶牛体况，根据奶牛产乳的高低、泌乳阶段、体况好坏，将成年母牛分为若干个群。如果牛群的平均乳量差异不超过15%，则可用一个TMR配方，如果两组乳量相差达40%以上，考虑使用两个配方。合群使用一个TMR配方，简便易行、省力省事且能避免频繁转群产生的应激反应，有利于高产奶牛更好地发挥遗传潜力。对产乳量特别高（每天每头48 kg以上）的奶牛，挤乳时可额外添加少量精料或粒料的办法补饲，有条件的可用电子识别自动补饲槽补充额外的精料。

3. 确定日粮组成

根据牛群生产状况和奶牛体况制订精饲料配方和微量元素、维生素复合添加剂配方；根据本地饲料资源，确定粗饲料的品种及用量，根据奶牛的采食量和饲料价格进行调整。还应考虑饲料的适口性，合理使用诱食剂。核实各种饲料混合后奶牛能否采食到应有的数量，是否能够满足奶牛的营养需要，并作适当调整。

4. 经常检测各种原料的养分含量

测定组成TMR原料的营养成分是科学配制日粮的首要条件。即使是同一种饲料也因产地、收割期及加工方法的不同，干物质及其他营养成分有较大差异，所以应根据实测的营养结果来配制。对于制成的TMR，也应经常测定干物质和养分含量，调整组成结构，使各营养含量达到合适的水平，以求实际采食量与推算采食量相等，确保奶牛得到应有的营养。

5. 饲槽中不宜长时间断料

由于TMR饲养技术是以群为单位的自由采食，需要保证群内的每头牛都能采食到足够数量的饲料，这就必须做到饲槽中白天不断料，夜间断料时间也不宜过长。为了使奶牛采食旺盛并便于人员操作,一般采用日喂 2 遍的模式,每遍增补 TMR 饲料前,断料时间不宜超过 2 h。

6. 经常观察奶牛的食欲、体重、体况及产乳量、乳成分变化

应每天观察奶牛的采食状况和群体产乳量,每 10~15 d 记录奶牛的采食量、个体产乳量和乳脂率、乳蛋白率及膘情,每月记录奶牛的体况、繁殖状况。对记录进行详细分析,及时解决存在的问题。另外,要根据牛群的具体情况,结合各种原料的价格,调整 TMR 内精料成分配比和粗料用量,保证泌乳后期奶牛体况得到恢复,降低生产成本,获得最大的经济效益。

7. 保证 TMR 达到技术指标

TMR 饲料的各种指标是以营养浓度数值表示的相对量,要求计算正确、科学,估测的奶牛采食量不可有较大偏差,各种原料在混合前计量准确,混合均匀。专用搅拌机车要能接近牛舍,操作过程实行电脑程序式控制,准确卸料,科学分发。

三、实施 TMR 饲养技术时的注意事项

(1) TMR 饲喂投放饲料要均匀,确保牛能均匀采食。要有足够的槽位,避免牛因抢食而角斗。

(2) 饲槽设计尺寸要适宜,略低于牛床,槽底光滑,颜色要浅。

(3) 保持饲料的新鲜,为防止槽内饲料沉积发热,要注意勤翻料,并每天清理槽内剩料,做到合理利用不浪费。

(4) 牛要去角,避免互相角斗而损伤。

(5) 勤观察日粮的一致性及均匀度,经常观察牛只的采食、反刍(牛只休息时要有 40% 的牛在反刍)及剩料情况。夏季定期刷槽。不空槽,勤匀料。

(6) 夏季及时处理产乳母牛的剩槽料,剩料可直接投喂给后备牛或干奶牛,避免长时间存放造成发霉变质,不要与新鲜饲料进行二次搅拌。

任务三 成年奶牛各阶段饲养管理要点

根据奶牛生理特点及生产规律,将母牛生产周期分为泌乳初期、泌乳盛期、泌乳中后期、干乳期等 4 个阶段。

一、泌乳初期的饲养管理

母牛产犊后 10~20 d,称泌乳初期,也叫恢复期。母牛刚分娩不久,气血亏损,消化机能弱,抵抗力差,生殖器官处于恢复阶段,乳腺机能旺盛,泌乳量逐日上升。因此,必须加

强饲养管理，否则易出现乳房水肿，恶露不尽，严重时发生产后麻痹症等疾病。

为防止消化不良，减轻乳房水肿，产后 3 d 内，可自由采食优质干草及少量麸皮（0.5 kg）。4~5 d 后，日粮中加进少量青草、青贮饲料及块根饲料，以 4~5 kg 为宜，以后根据乳房和消化情况逐渐增加喂量。3 d 后，日粮中加入混合精料 1~1.5 kg，以后每隔 2~3 d 增加 0.5~1 kg。增量不可过急，特别是饼类饲料，不宜突然大量增加，否则易造成母牛消化机能紊乱，导致腹泻。在增料过程中，还应注意经常检查乳房的硬度、温度是否正常，如发现乳房红肿、热痛时应及时治疗。

有的奶牛产后乳房没有水肿，身体健康，食欲旺盛，可立即喂给适量精料和多汁饲料，6~7 d 后便可达标准喂量，挤乳次数和方法也可照常。对个别体弱的奶牛，在精料内可加些健胃药剂等。

一般奶牛产后 15~20 d 体质便可恢复，乳房水肿也基本消失，乳房变软，这时日粮可增加到产乳量所需要的标准喂量。

在管理上，产后头几天，可根据乳房情况，适当增加挤乳次数，每天最好挤乳 4 次以上。高产奶牛产犊后，因其乳腺分泌活动的增强很迅速，乳房水肿严重，在最初几天挤乳时不要将乳汁全部挤净，留有部分乳汁，以增加乳房内压，减少乳的形成。产后第 1 天，每次只挤 2 kg 左右，够犊牛饮用即可，第 2 天挤出全天产乳量的 1/3，第 3 天挤出 1/2，第 4 天挤出 3/4 或者完全挤干，每次挤乳时要充分按摩与热敷乳房 10~20 min，使乳房水肿迅速消失。对低产牛和乳房没有水肿的母牛，可一开始就将乳挤干净。对体弱或 3 胎以上的高产奶牛，产后 3 h 内静注 20% 葡萄糖酸钙 500~1 500 mL，可有效预防产后瘫痪。

产后一周内，每天必须有专人值班，如发现母牛有疾病应及时治疗。如胎衣不下，夏季 24 h、冬季 48 h 后应手术剥离。牛舍内要严防穿堂风，牛床上必须铺清洁干燥而充足的褥草，防止牛体受风湿及乳头损伤。

二、泌乳盛期的饲养管理

母牛产犊后 21~100 d，这段时期称为泌乳盛期。此期奶牛体况恢复，乳房水肿消退，泌乳机能增强，处于泌乳高峰期，而采食量尚未达到高峰，奶牛摄入的养分不能满足泌乳的需要，不得不动用体内储备来支撑泌乳。因此，泌乳盛期开始，牛体重下降。如果体脂肪动用过多，在葡萄糖不足和糖代谢障碍时，会造成脂肪氧化不全，导致牛暴发酮病，尤其是高产奶牛。

1. 提高日粮能量水平

泌乳盛期的主要任务是提高产乳量与减少体重消耗。此期奶牛大量泌乳，采食量尚未达到高峰，牛体迅速消瘦。饲养上，应增加精料，提高日粮能量水平和蛋白质含量，可添加植物性油脂或脂肪酸钙、棕榈酸酯等。

2. 提高过瘤胃蛋白质的比例

泌乳盛期常会出现蛋白质供应不足的问题，饲料中的蛋白质由于瘤胃微生物的降解，到达真胃的菌体蛋白质和一部分过瘤胃蛋白质很难满足奶牛对蛋白质的需要量，因此要补充降解率低的饲料蛋白质，还可添加蛋白质保护剂降低其在瘤胃的降解率。也可在日粮中添加经保护的必需氨基酸（如蛋氨酸），从而满足高产期奶牛对蛋白质的需求。

3. 采用引导饲养法

引导饲养法是为了大幅度提高产乳量，从干乳期的最后 15 d 开始，直到泌乳达到最高峰时，喂给奶牛高能量、高蛋白日粮的一种饲养方法。

具体做法是：从母牛预期产犊前 2 周开始，在日喂精饲料 1.8 kg 的基础上，逐日增加 0.45 kg 精饲料，到分娩时精料给量可达到体重的 0.5%~1%。待母牛分娩后，若体质正常，可在分娩前加料的基础上，继续逐日增加 0.45 kg 的精料，直到每 100 kg 体重采食 1~1.5 kg 精料为止，或精饲料达到自由采食。待泌乳盛期过后，再调整精料喂量。

整个引导期要保证提供优质饲草任奶牛自由采食，以减少母牛消化系统的疾病。

引导饲养法的优点是：① 可使母牛瘤胃微生物得到及时调整，以逐渐适应产后高精料日粮；② 可促进干乳母牛对精料的食欲和适应性，防止酮血病发生；③ 可使多数母牛出现新的产乳高峰，增产趋势可持续整个泌乳期。

引导法对高产奶牛效果显著，而对中低产奶牛会导致过肥，对产乳不利。对引导无效的奶牛，应淘汰出高产牛群。

4. 补充矿物质和维生素

在奶牛的整个泌乳盛期，必须满足对矿物质和维生素的需求。应提高日粮中钙、磷的含量，同时添加含有锌、锰、镁、硒、铜、碘、钴及维生素 A、维生素 D、维生素 E 等组成的复合添加剂。

5. 添加缓冲物质，调节瘤胃 pH

为了防止精饲料饲喂过多造成瘤胃 pH 下降的不利影响，在日粮中每天添加氧化镁 30 g 或碳酸氢钠 100~150 g，以调节瘤胃正常的 pH。

管理上，要注意乳房的保护和环境卫生。随着产乳量上升，乳房体积膨大，内压增高，乳头孔内充满乳汁，很容易感染病菌而引起乳房炎。所以，要加强乳房热敷和按摩，每次挤乳后对乳头进行药浴。牛床上应铺有柔软、清洁的垫草，奶牛活动区要经常消毒，保持清洁卫生。挤乳用具要定期消毒，对酒精阳性乳、隐性乳房炎及临床乳房炎患牛必须及时治疗。还要做好恢复子宫机能，发情后适时配种，以缩短产犊间隔。

三、泌乳中后期饲养管理

泌乳中期是指产后 101~200 d。该期特点是产乳量缓慢下降，每月下降幅度 5%~7%，体重、膘情逐渐恢复。多数奶牛处于怀孕早期或中期。饲养管理的主要任务是减缓泌乳量的下降速度。

泌乳中期仍是稳定高产的良好时机。饲养上，日粮营养逐渐调整到与母牛体重和产乳量相适应的水平，即适当减少精料量，增加青粗饲料的比例，力求使产乳量下降幅度降到最低程度。管理上，加强运动，正确挤乳及乳房按摩，供给充足饮水。对妊娠母牛注意保胎，对未孕母牛做好补配工作。

泌乳后期是指母牛产犊后 201 d 至停乳前的时期。此期的特点是母牛已到妊娠后期，产乳量急剧下降，胎儿生长发育很快，也是母牛体重恢复的阶段，母牛需要大量营养来满足胎儿快速生长发育的需要。此期饲喂既要考虑母牛恢复体况，又要防止母牛过肥。

在饲养上，日粮中应含有较多的优质粗饲料，根据奶牛产乳量、体况确定精料补给量，以满足母牛泌乳、恢复体况、胎儿生长的需要，为下胎持续高产打下基础。对体况消瘦的牛，要增加营养，尽快恢复体重。在管理上，要注意防流保胎。

四、干乳期的饲养管理

干乳是母牛饲养管理过程中的一个重要环节。干乳方法是否恰当、干乳期饲养管理是否合理，干乳期的长短等对胎儿的生长发育、母牛的健康及下一胎泌乳性能的高低都有很大的影响。

（一）干乳的方法

干乳是通过改变泌乳活动的环境条件来抑制乳汁分泌。根据产乳量和生理特性，干乳方法可分为两种，即逐渐干乳法和快速干乳法。

1. 逐渐干乳法

在预计干乳前 1~2 周，通过变更饲料，逐渐减少青草、青贮饲料、多汁饲料及精料的喂量，同时限制饮水，延长运动时间，停止乳房的按摩，减少挤乳次数（3 次减为 2 次，再减为 1 次），改变挤乳时间等办法，抑制乳腺的分泌活动，当产乳量降到 4~5 kg 时，挤净最后一次即可停止挤乳。这种方法安全，但比较麻烦，需要时间长，适用于高产奶牛。

2. 快速干乳法

在预计干乳日突然停止挤乳，以乳房内乳汁充盈的高压力来抑制乳汁的分泌活动，从而达到停乳。

具体做法是：在预计干乳的当天，用 50 ℃ 温水洗擦并充分按摩乳房，将乳彻底挤净后即停乳。挤完后用 5% 的碘酊浸一浸乳头，并在每个乳头孔内注入长效抑菌药物，然后用火棉胶封闭乳头。乳房中存留的乳汁，经 3~5 d 后逐渐被吸收。这种方法因饲养管理没有改变，快速果断，断乳时间短，省时、省力，不影响母牛健康和胎儿生长发育。但对曾患过乳房炎或正在患乳房炎的母牛不适合。

无论采用哪种方法，为预防乳腺炎的发生，最后一次挤乳必须完全挤净，并向每个乳头内注入抗生素制剂的油膏封闭乳头。在停止挤乳后 3~4 d 内，要随时观察乳房的变化，如果乳房肿胀不消，局部增温，有硬块、疼痛等症状出现，母牛表现有不安，应重新把乳房中乳汁挤净，再继续采取干乳措施。患乳房炎的牛应治愈后再进行干乳。还应注意，干乳前必须检查妊娠情况，确定妊娠后再干乳，但操作应谨慎，以防流产。

（二）干乳期母牛的饲养管理

干乳期母牛的饲养管理可分干乳前期和干乳后期两个阶段。

1. 干乳前期的饲养

从干乳开始到产犊前 2~3 周为干乳前期。此期对营养状况不良的母牛，要给以较丰富的营养，使其在产前有中上等膘情，体重比泌乳末期增加 50~80 kg。一般可按每天产乳 10~15 kg 时所需的饲养标准进行饲养，日给 8~10 kg 优质干草、15~20 kg 多汁饲料与 3~4 kg 混合精料。但粗饲料与多汁饲料不宜喂得过多，以免压迫胎儿引起早产。对营养良好的母牛，一般只给优质的粗饲料即可，食盐和矿物质可任其自由舔食。

2. 干乳后期的饲养

产犊前 2 周至分娩为干乳后期。此期应提高母牛日粮中精料水平，以贮备产犊后泌乳的营养，尤其是高产母牛的精料水平应更高些。母牛产前 4~7 d，如乳房过度膨胀或水肿严重，可适当减少或停喂精料及多汁饲料；如果乳房不硬，则可照常饲喂各种饲料。产前 2~3 d，日粮中加入麸皮等具有轻泻性的饲料，以防便秘。严禁饲喂酒糟、马铃薯、棉子饼等，以免引起流产、难产或胎衣不下等疾病。

3. 干乳期的管理要点

（1）做好保胎工作。保持饮水清洁卫生，冬季饮水温度应在 10~15 ℃，不喂发霉变质和霜冻结冰的饲料。当孕牛腹围不随妊娠月龄增大时，应及时进行检查，防止出现妊娠中断而引起产犊间隔延长现象。当母牛腹围过大，乳房水肿时，应减少其站立时间，提前将母牛放出棚外，令其自由活动。产前 14 d 进入产房，进产房前应对产房彻底消毒，铺垫干净柔软的干草，并设专人值班。有条件的饲养场可设干奶牛舍，将产前 3 个月的头胎牛和干奶牛进行集中饲养。

（2）坚持适当运动。但必须与其他牛群分开，以免互相挤撞造成流产。干乳母牛缺少运动，容易过肥，易导致难产。

（3）坚持按摩乳房，促进乳腺发育。一般干乳 10 d 后开始乳房按摩，每天一次。但产前出现乳房水肿（经产牛产前 15 d，头胎牛 30~40 d）应停止按摩。

（4）加强皮肤刷拭，保持皮肤清洁。

任务四　初产奶牛与高产奶牛的饲养管理

一、初产奶牛的饲养管理

初产奶牛是指第一次妊娠产犊的母牛。初产奶牛本身还在继续生长发育，还要担负胎儿的生长发育。因此，牛在分娩前须获取足够的营养，才能保证自身和胎儿生长发育的营养需要，使第一个泌乳期及其终生具有较高的产乳量。

1. 初产奶牛的饲养

15～17月龄正常发育的母牛已配种妊娠，18～20月龄时，处于妊娠前期，胎儿生长较慢，所需营养不多，不必进行特殊饲养。到产犊前2～3个月，由于胎儿生长发育加快，子宫的重量和体积增加较多，乳腺细胞也开始迅速发育，所以要适当提高饲养水平，以满足自身生长、胎儿发育和储备营养的需要。日粮应仍以青粗饲料为主，适当搭配精饲料，使母牛体况达到中、上等水平。如营养过剩，则牛体过肥，影响产乳量。如营养不足，则影响自身和犊牛的正常发育。临产前1～2周，当乳房已经明显膨胀时，应适当减少多汁饲料和精料的喂量，以防加重乳房的肿胀。可喂优质干草，任其自由采食。

2. 初产奶牛的管理

（1）加强保胎，防止流产：分群管理，不要驱赶过快，防止牛之间互相挤撞，不可喂给冰冻或霉变的饲料，防止机械性流产或早产。

（2）进行乳房按摩，调教挤乳：一般在产犊前4～5个月开始进行乳房按摩，每天按摩2次，每次3～5 min。开始时手法要轻一点，约经10 d训练后，即可按经产牛一样按摩，到产前2～3周停止按摩。按摩时，应注意不要擦拭乳头，因为乳头表面有一层蜡状保护物，擦去后易引起乳头龟裂。擦拭乳头时，易擦掉乳头塞，使病原菌从乳头孔侵入乳房而发生乳房炎。

初产奶牛应由有经验的挤乳员进行管理。初产牛常表现胆怯，乳头较小，挤乳比较困难。所以，挤乳前应该施加安抚，使其消除紧张，便于挤乳操作；否则，如粗暴对待，就会增加挤乳难度，导致产乳量下降，还会使牛养成踢人的恶癖。

（3）做好产前、产后的准备和护理工作：初产母牛比经产母牛容易发生难产，产前工作要准备充分，产后要精心护理。

二、高产奶牛的饲养管理

我国《高产奶牛饲养管理规范》规定，305 d产乳量6 t以上（初产牛达5 t，成年母牛达7 t以上），含脂率达3.4%的奶牛为高产奶牛。高产奶牛一般日产乳量在30 kg以上，每天需要采食80～100 kg饲料，折合干物质20～25 kg，消化系统及整个有机体的代谢强度都很大。代谢机能强，采食饲料多，饲料转化率高，对饲料和外界环境敏感，是高产奶牛的特点。因此，必须对高产奶牛特殊照顾。

1. 高产奶牛的饲养

（1）加强干乳期的饲养：为了补偿前一个泌乳期的营养消耗，贮备一定营养供产后产乳量迅速增加的需要，同时使瘤胃微生物区系在产犊前得以调整以适应高精料日粮，干乳后期要增加精饲料喂量，实施引导饲养，防止泌乳高峰期内过多地分解体脂肪，发生代谢病而影响产乳和牛体健康。日粮以粗饲料为主，精料一般不超过5 kg。在产犊前2～3周提高精料水平，精料增加要逐渐进行，每天增加0.45 kg以内，直至精料的喂量达到体重的1%～1.2%。

（2）提高日粮干物质的营养浓度：高产奶牛饲养的关键时期是从泌乳初期到泌乳盛期。高产奶牛分娩后，产乳量迅速上升，对营养物质的需要量也相应增加。此期，受采食量、营养浓度及消化率等方面的限制，奶牛不得不动用体内的营养物质来满足产乳需要。一般高产牛在泌乳盛期过后，体重要降低 35~45 kg。体重降低过多或持续时间较长，容易出现酮血症或一系列机能障碍。因此，在供给优质干草、青贮饲料、多汁饲料的同时，必须增加精饲料比例，提高干物质的营养浓度（表 1.4.7）。

表 1.4.7　高产奶牛的精、粗料干物质之比和日粮粗纤维含量

阶　　段	干乳期	围产后期	泌乳前期	泌乳中期	泌乳后期
精、粗料干物质之比	25∶75	40∶60	60∶40	40∶60	30∶70
日粮粗纤维含量/%	≥20	≥23	≥15	≥17	≥20

（3）日粮中能量和蛋白质比例适宜：高产奶牛产乳量高，在保证蛋白质供应的同时，要注意能量与蛋白质的比例。奶牛产乳需要很多能量，若日粮中作为能源的碳水化合物不足，蛋白质就得脱氨氧化供能，其含氮部分则由尿排出，蛋白质没有发挥其自身的营养功能，造成蛋白质资源浪费，也增加了机体代谢的负担。因此，在升乳期要避免单独使用高蛋白饲料"催乳"。

（4）补充维生素：高产奶牛的子宫复原缓慢、不能及时发情或发情不明显、受胎率低等现象与营养不足有直接关系，尤其是维生素 A、维生素 D、维生素 E 及常量和微量矿物质元素。日粮中添加这些维生素和矿物质，可以有效地改善母牛的繁殖机能。添加量分别为每日每头：维生素 A 5 万 IU、维生素 D_3 6 000 IU、维生素 E 1 000 IU、β-胡萝卜素 300 mg。另外，补足矿物质。

（5）注意日粮的适口性：日粮要求营养丰富，易消化，易发酵，适口性好。日粮组成上既要考虑营养需要，还要满足瘤胃微生物的需要，促进饲料更快地消化和发酵，产生尽可能多的挥发性脂肪酸，满足奶牛对能量的需要。牛乳中 40%~60% 的能量来自挥发性脂肪酸。

（6）增强奶牛食欲：高产牛采食量高峰期比泌乳高峰期晚 6~8 周。因此，要注意保持其旺盛的食欲，提高母牛消化能力。粗饲料自由采食，精饲料每日分 3 次喂给。产犊后，精料增加不宜过快，否则容易影响食欲，每天增量以 0.5~1 kg 为宜，日喂总量一般不要超过 10 kg。在精料中加入 1.5% 小苏打有利于增加食欲，增加产乳量，对预防酮病和瘤胃酸中毒等代谢病作用明显。

（7）增加饲料中过瘤胃蛋白质和瘤胃保护性氨基酸的供给量：由于高产奶牛泌乳量高，瘤胃供给的菌体蛋白和到达皱胃、小肠的过瘤胃蛋白质已不能满足机体对蛋白质的需要，添加额外的过瘤胃蛋白质和瘤胃保护性氨基酸，是提高日粮蛋白质营养的有效措施。

（8）添加一定的异位酸和胆碱：异位酸能促进瘤胃内纤维素分解菌的生长繁殖，增加瘤胃内的菌体蛋白，所以在日粮中添加异位酸能提高产乳量。胆碱能促进牛体的新陈代谢，有利于体脂的转化，减少酮血症的发生。

（9）使用阴离子盐：在产犊前 3 周内喂给母牛硫酸盐、氯化铵、氯化钙等阴离子盐，可减少产犊过程中酸中毒、产后瘫痪和皱胃变位的发病率。另外，在产犊前注射维生素 D_3，产前使用低钙日粮，产犊后恢复高钙日粮，能有效防止产后瘫痪和胎衣不下。

（10）应用 TMR 饲养技术：对机械化程度较高的大、中型奶牛场，应大力推行 TMR 饲养技术。

2. 高产奶牛的管理

对高产奶牛的管理，除坚持一般的管理措施外，还应注意以下几点。

（1）注意牛体、牛舍卫生：高产奶牛必须在牛床上铺上柔软垫料，坚持刷拭，保护肢蹄，保持牛体和环境的清洁卫生。

（2）坚持运动：必须保证每天 3~4 h 的运动，以增强体质，维持组织器官正常的功能。对乳房体积大、行动不便的个体，可做牵遛运动。

（3）科学干乳：干乳期不少于 60 d。干乳后要加强乳房的观察和护理。

（4）做好防暑降温和防寒保暖措施：炎热对奶牛极为不利，尤其是高产牛反应更大。要采取有效措施，减少热应激对奶牛的影响。冬季，牛舍要防寒保暖、防贼风。

（5）正确挤乳：挤乳操作和挤乳机性能必须符合标准要求，减少机械挤乳对奶牛的负面作用。

📖 复习与思考

（1）简述成年奶牛饲养管理的基本技术措施。

（2）简述奶牛夏季饲养管理要点。

（3）实施 TMR 饲养的技术要点有哪些？

（4）实施 TMR 饲养时应注意哪些事项？

（5）简述奶牛泌乳各阶段的生理特点。

（6）泌乳各阶段饲养管理的技术措施有哪些？

（7）奶牛干乳期应为多长？怎样选择干乳方法？干乳前后应注意些什么？

（8）如何饲养干乳母牛？管理的重点是什么？

（9）初产牛与经产牛相比饲养管理有何特点？

（10）高产奶牛饲养管理上要特别注意哪些问题？

学习情景五　肉用牛生产技术

宣汉黄牛是一个优良的地方品种，役肉性能兼备，是当地农户常养的一个肉牛品种。以宣汉黄牛为母本经过杂交改良而培育的"蜀宣花牛"新品种，其生长速度快，除有良好的乳用性能外，其肉用性能比宣汉黄牛更优。蜀宣花牛公、母牛出生重分别为 31.6 kg 和 29.6 kg；6 月龄公、母牛体重分别为 149.3 kg 和 154.7 kg；12 月龄公、母牛体重分别为 315.1 kg 和 282.7 kg。公牛 18 月龄育肥体重平均达 499.2 kg，90 天育肥期平均日增重为 1 275.6 g，屠宰率 57.6%，净肉率 48.0%。

项目一　肉牛的生产性能

【知识目标】

（1）了解肉牛体重增长规律和体组织的生长规律；
（2）说出评定肉牛膘情的主要部位和评定要领，能初步评定肉牛的膘情；
（3）掌握影响牛肉用性能的因素；
（4）掌握肉牛生产力评定的相关知识。

【技能目标】

（1）能对肉牛进行正确的膘情评定；
（2）能正确测定肉牛的生产力。

任务一　肉牛的生长发育规律

一、体重的生长规律

体重增长是衡量肉牛生长最直接的指标。肉牛的体重生长速度受品种、初生重、性别、饲养管理等因素的影响。肉用品种比非肉用品种增重快。同是肉用品种，大型品种快于小型品种，若养到相同体组织比例，则大型晚熟品种的饲养期较长，小型早熟品种饲养期则短；

初生重大的牛，断奶重也大，断奶后的增重相对较快；从性别上讲，公牛增重比去势公牛快，而去势公牛又比母牛快；营养水平越高，增重越快。

牛在一生中各阶段体重的生长速度不同。正常饲养条件下，在胎儿期，4 个月前生长较慢，4 个月后较快，分娩前的 2 个月最快。出生后到断奶生长速度较快，断奶至性成熟最快，性成熟后逐渐变慢，到成年基本停止生长。从年龄看，12 月龄前生长速度快，以后逐渐变慢（图 1.5.1）。身体各部分的生长特点，在各个时期也有所不同，一般是头部、内脏、四肢发育较早，而肌肉、脂肪发育较迟。

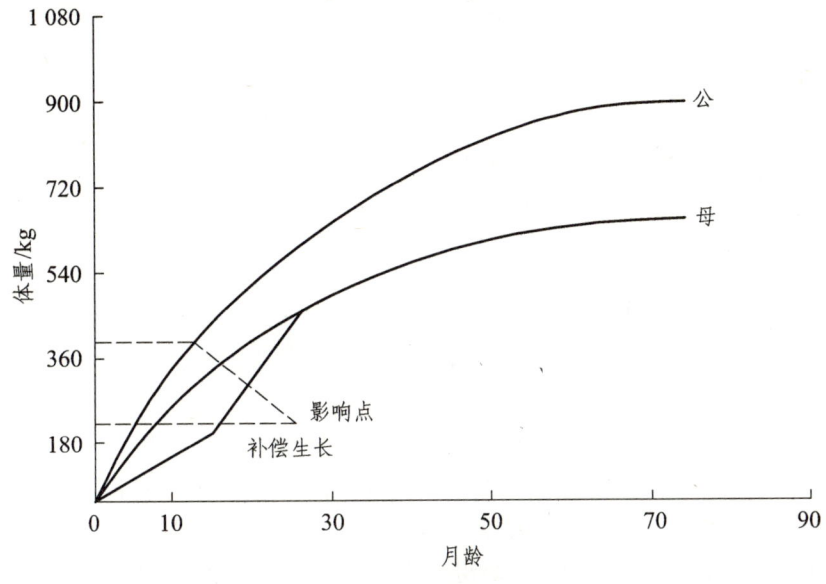

图 1.5.1 肉牛的生长曲线

生长发育最快的时期也是把饲料营养转化为体重效率最高的时期。掌握体重生长特点，在生长较快的阶段给予充分饲养，便可在增重和饲料转化率上获得最佳效果。

二、体组织的生长规律

牛的体组织主要是肌肉、脂肪和骨组织，其生长直接影响到增重、屠宰率、净肉率和肉的质量。

肌肉的生长在出生后主要是肌纤维体积增大而致肌束增大。生长速度是出生到 8 月龄快速生长，8~12 月龄生长速度减缓，18 月龄后更慢。肉的纹理随年龄增长而变粗，因此青年牛的肉质比老年牛嫩。

脂肪生长速度 12 月龄前较慢，稍快于骨，以后变快。生长顺序是先贮积在内脏器官附近，即网油和板油，使器官固定于适当的位置。然后是皮下，最后沉积到肌纤维之间形成"大理石"花纹状肌肉，使肉质变得细嫩多汁。说明"大理石"状肌肉必须饲养到一定肥度时才会形成。老年牛经肥育，使脂肪沉积到肌纤维间，也可使肉质变好。

骨的发育较早，在胚胎期生长速度快，出生后生长速度慢且较平稳，并最早停止生长。三大组织的生长模式如图 1.5.2 所示。

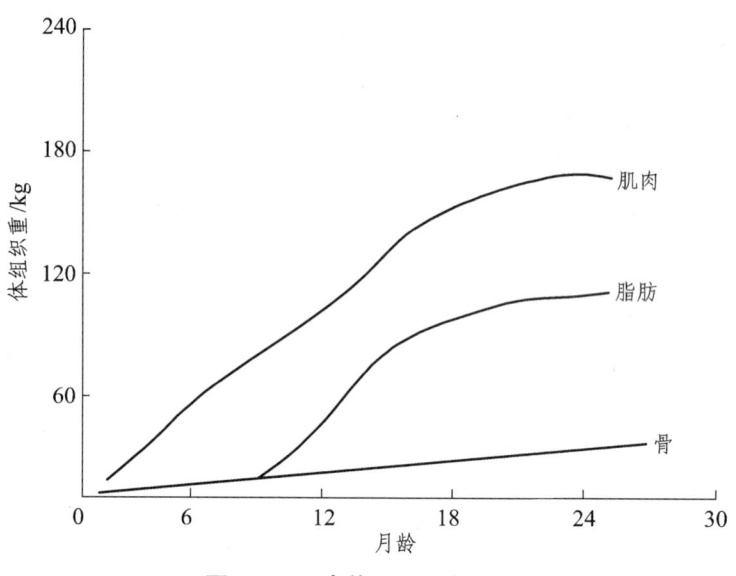

图 1.5.2　牛体组织生长规律

三大组织在整个体组织中的比例，在生长过程中变化较大。肌肉是先增加后下降；脂肪比例持续增加，年龄越大，比例也越大；骨的比例持续下降。所以，幼龄牛肥育要求饲料中蛋白质含量高，大龄牛则蛋白质含量降低，能量提高。

不同类型的牛体组织的生长形式有不同特点，小型早熟品种一般在体重较轻时便达到成熟年龄的体组织比例，可以早期肥育屠宰。大型晚熟品种必须在骨骼和肌肉生长完成后，脂肪才开始贮积。一般来说，早熟品种和晚熟品种在生长的最初阶段，肌肉和骨骼所占的比例相当，当体重达 120 kg 时，早熟品种脂肪组织生长快于晚熟品种，但肌肉生长慢于晚熟品种，骨的生长比例一直相当。

公牛与去势公牛相比，骨骼稍重且肌肉较多，脂肪生长延迟，日增重和屠宰率均超过去势公牛。

在体重损失和恢复过程中，体组织按一定规律变化。当体重损失时，肌肉与脂肪的损失同时发生，而肌肉损失较多；当体重恢复时，肌肉组织恢复较快，脂肪组织较慢。骨一般变化不大。

三、肉牛的补偿生长

牛在生长发育的某个阶段，由于饲料不足、生活环境突然变化或疾病造成生长速度下降，甚至停止，一旦恢复高营养水平饲养或环境条件满足了生长发育需要，则生长速度比正常饲养时还快，经过一定时期的饲养，仍能恢复到正常体重，这种特性叫补偿生长。

但是，补偿生长不是在任何情况下都能获得的。其特点是：

（1）生长受阻若发生在出生至 3 月龄或胚胎期，以后很难补偿；

（2）生长受阻时间越长，越难补偿，一般以 3 个月内，最长不超过 6 个月补偿效果较好；

（3）补偿能力与进食量有关，进食量越大，补偿能力越强；

（4）补偿生长虽能在饲养结束时达到所要求的体重，但因饲养期延长，总的饲料转化率比正常饲养时低。

任务二　肉牛生产力评定

一、生长速度的评定

生长速度的评定指标主要有初生重、断奶重、断奶后增重、日增重和肉用指数等。

1. 初生重与断奶重

初生重指犊牛被毛擦干，在未哺乳前的实际重量。断奶重是指犊牛断奶时的体重。肉牛一般都随母哺乳，断奶时间很难一致。因此，评定断奶重时，须校正到统一断奶时间，以便比较。另外，因断奶重除遗传因素外，受母牛泌乳能力影响很大，故计算校正断奶重时还应考虑母牛年龄因素。

$$校正断奶体重 = [(实际断奶重 - 初生重)/实际断奶天数] \times 校正断奶天数 \times 母牛年龄因素 + 初生重$$

断奶天数多校正到 200 d 或 210 d。

母牛年龄因素：2 岁为 1.15，3 岁为 1.10，4 岁为 1.05，5～10 岁为 1.00，11 岁以上为 1.05。

2. 断奶后增重

根据肉牛生长发育特点，断奶后至少应有 140 d 的饲养期才能较充分地表现出增重的遗传潜力。因此，为了比较断奶后的增重情况，应采用校正的周岁（365 d）或 1.5 岁（550 d）体重。

$$校正 365\ d\ 体重 = [(实际最后重 - 实际断奶重)/饲养天数] \times (365 - 校正断奶天数) + 校正断奶体重$$

$$校正 550\ d\ 体重 = [(实际最后重 - 实际断奶重)/饲养天数] \times (550 - 校正断奶天数) + 校正断奶体重$$

3. 平均日增重

$$平均日增重 = (期末重 - 初始重)/初始至期末的饲养天数$$

4. 肉用指数（BPI）

肉用指数是指单位体高承载的活重量，即肉牛体重（kg）与体高（cm）的比。专门化肉牛最低 BPI 值：公牛 5.6，母牛 3.9；优秀的纯肉用品种 BPI 值：公牛 ≥ 6.6，母牛 ≥ 4.6。

二、肉牛膘情评定

目测和触摸是评定肉牛肥育度的主要方法。目测主要观察牛体大小，体躯宽窄和深浅度，腹部状态，肋骨长度和弯曲程度以及垂肉、肩、背、腰角等部位的肥满程度。触摸是以手触测各主要部位的肉层厚薄和脂肪蓄积程度。通过肥育度评定，结合体重估测，可初步估计肉牛的产肉量。肉牛肥育度评定可分 5 个等级，其标准见表 1.5.1。

表 1.5.1　肉牛宰前肥育度评定标准

等　级	评定标准
特　等	肋骨、脊骨和腰椎横突都不明显，腰角与臀端呈圆形，全身肌肉发达，肋骨丰满，腿内充实，并向外突出和向下延伸
一　等	肋骨、腰椎横突不显现，但腰角与臀端未圆，全身肌肉较发达，肋骨丰满，腿肉充实，但不向外突出
二　等	肋骨不甚明显，尻部肌肉较多，腰椎横突不甚明显
三　等	肋骨、脊骨明显可见，尻部如屋脊状，但不塌陷
四　等	各部关节完全暴露，尻部塌陷

三、屠宰测定

1. 屠宰测定项目

（1）宰前重：称取停食 24 h、停水 8 h 后临宰前体重。

（2）宰后重：称取屠宰放血后的重量或宰前重减去血重。

（3）血重：称取屠宰时放出血的重量。

（4）头重：称取从头骨后端与第一颈椎间割断后的头部重。

（5）皮重：称取剥下并去掉附着的脂肪后皮的重量。

（6）尾重：称取第 2 尾椎之后的全部尾重。

（7）蹄重：从腕关节割下前二蹄，跗关节割下后二蹄，分别称取前二蹄和后二蹄重。

（8）消化器官重：分别称取食道、胃、小肠、大肠、直肠的重量（无内容物）。

（9）生殖器官重：实测重量。

（10）其他内脏重：分别称取心、肝、肺、脾、肾、胰、气管、胆囊（带胆汁）、膀胱（空）的重量。

（11）胴体脂肪重：分别称取肾脂肪、盆腔脂肪、腹膜及胸膜脂肪重。

（12）非胴体脂肪重：分别称取网膜脂肪、肠系膜脂肪、胸腔脂肪、生殖器官脂肪重。

（13）胴体重：称取宰前重除去血、头、皮、尾、内脏器官（留肾脏及周围脂肪）、生殖器官、腕跗关节以下四肢后的重量。

（14）净肉重：称取胴体剔骨后的全部肉重。

（15）骨重：称取胴体剔除肉后的全部重量。

（16）胴体长：自耻骨缝前缘至第 1 肋骨前缘的长度。

（17）胴体深：自第 7 胸椎棘突的体表至第 7 胸骨的体表垂直深度。

（18）胴体胸深：自第 3 胸椎棘突的胴体体表至胸骨下部体表的垂直深度。

（19）胴体后腿围：在股骨与胫腓骨连接处的水平围度。

（20）胴体后腿长：耻骨缝前缘至跗关节中点的长度。
（21）胴体后腿宽：去尾的凹陷处内侧至同侧大腿前缘的水平距离。
（22）大腿肌肉厚：大腿后侧胴体体表至股骨体中点的垂直距离。
（23）背脂厚：第 5~6 胸椎处的背部皮下脂肪厚。
（24）腰脂厚：第 3 腰椎处皮下脂肪厚。
（25）眼肌面积：12~13 肋间背最长肌横切面积。用硫酸纸画出后，用求积仪求其面积。

2. 屠宰指标计算

（1）屠宰率：屠宰率 =（胴体重/宰前重）× 100%
（2）净肉率：净肉重 =（净肉重/宰前重）× 100%
（3）胴体产肉率：胴体产肉率 =（净肉重/胴体重）× 100%
（4）肉骨比：肉骨比 = 净肉重/骨重

四、饲料转化率

饲料转化率有两种表示方法，即每增重 1 kg 体重所消耗的饲料量或每千克饲料使牛的增重量。

饲料转化率 = 饲养期内消耗的饲料总量/饲养期内净增重
饲料转化率 = 饲养期内净增重/饲养期内消耗的饲料总量

五、胴体质量评定

胴体质量评定可在牛胴体冷却排酸后进行，以牛生理成熟度、眼肌面积和 12~13 背肋处背最长肌截面大理石花纹为主要评定指标，以肉色和脂肪色为参考。

1. 生理成熟度

以门齿变化和脊椎骨横突末端软骨的骨质化程度为依据来判断生理成熟度。生理成熟度分为 A、B、C、D、E 五级。生理成熟度的判断依据见表 1.5.2。

表 1.5.2 生理成熟度的判断依据

项目	24月龄以下	24~36月龄	36~48月龄	48~72月龄	72月龄以上
牙齿	无或出现第一对永久门齿	出现第二对永久门齿	出现第三对永久门齿	出现第四对永久门齿	永久门齿磨损较重
脊椎	明显分开	开始愈合	愈合但有轮廓	完全骨化	完全愈合
腰椎	未骨化	一点骨化	部分骨化	近完全骨化	完全骨化
胸椎	未骨化	未骨化	小部分骨化	大部分骨化	完全骨化

2. 眼肌面积

眼肌面积大小是评定肉牛产肉能力和瘦肉率大小的重要技术指标之一。眼肌面积越大，瘦肉量越多，胴体质量越好。

3. 大理石花纹

对照大理石花纹等级图片（其中大理石花纹等级给出的是每级中花纹最低标准）确定眼肌横切面处大理石花纹等级。大理石花纹等级分为 7 个等级：1 级、1.5 级、2 级、2.5 级、3 级、3.5 级和 4 级。大理石花纹极丰富为 1 级，丰富为 2 级，少量为 3 级，介于两级之间加 0.5 级，如介于极丰富与丰富之间为 1.5 级。花纹越丰富，牛肉嫩度越好。

4. 肉　色

肉色是胴体质量等级评定的重要参考指标，评定时对照肉色等级图片来判断 12～13 肋间眼肌横切面颜色的等级。肉色等级按颜色由浅到深分为 9 个等级：1A、1B、2、3、4、5、6、7、8，其中肉色以 3、4 级最好。

5. 脂肪色

脂肪色也是胴体质量等级评定的参考指标，评定时对照脂肪色泽等级图片来判断 12～13 肋间眼肌横切面颜色的等级。脂肪色泽等级按颜色由浅到深分为 9 个等级：1、2、3、4、5、6、7、8、9，其中脂肪色以 1、2 级为最好。

任务三　影响牛的肉用性能的因素

一、遗传因素

1. 品种类型

不同品种类型的牛产肉性能有很大差别。专门化肉用牛比乳用牛、兼用牛及役用牛生长快，节约饲料，并能获得较高的屠宰率和净肉率；脂肪沉积均匀，能较早地形成肌肉脂肪，使肉具有大理石状花纹，肉味优美。一般专门化肉牛育肥后的平均屠宰率为 60%～65%，最高可达 68%～72%，兼用品种 55%～60%，我国黄牛一般在 58% 以下。

在同等饲养条件下，肉用牛不同品种的产肉能力也有差别，一般大型晚熟品种初生重和日增重高，产肉能力强；小型早熟品种成熟早，屠宰率高，能较早达到胴体品质要求。

2. 杂　交

杂交是提高肉牛生产性能的重要手段。采用专门化肉牛与本地黄牛杂交，杂交后代生长速度和肉的品质都能得到很大提高。如夏洛来与本地黄牛杂交，周岁体重可提高 50%，屠宰率提高 5%，净肉率提高 10%。若进行三元杂交，效果更为显著。

二、生理因素

1. 年 龄

肉牛增重速度、胴体质量和饲料消耗与年龄关系十分密切。年龄越大,增重速度越慢,饲料转化率越低。一般是1岁内增重最快,2岁时仅为1岁前的70%,3岁时只有2岁时的50%。从肉质看,幼牛肉质细嫩,水分含量高,脂肪少,肉色淡,可食部分多;年龄越大,肉质越差。所以选择2岁前的牛育肥效果最好。

2. 性 别

由于雌、雄激素的原因,使牛的性别影响生长速度与肉的品质。同样饲养条件下,母牛生长肥育速度慢,但肉质肌纤维细,结缔组织少,肉味好;小公牛生长快,饲料转化率高,瘦肉多,屠宰率和眼肌面积大,肉色鲜艳,风味醇厚;去势公牛生长速度介于公母牛之间,易育肥,肉色较淡,脂肪含量高。从早熟性看,公牛晚熟,母牛早熟,去势公牛居中。

三、环境因素

1. 营养水平

日粮营养是转化牛肉的物质基础。恰当的营养水平结合牛体的生长发育特点能使育肥牛提高产肉量,并获得含水量少、品质优良的牛肉。不同营养水平的增重见表1.5.3。

表1.5.3 营养水平与肥育的关系(kg)

营养水平	试牛头数	育肥天数	始重	前期终重	后期终重	前期日增重	后期日增重	全程日增重
高高型	8	394	284.5	482.6	605.1	0.94	0.68	0.81
中高型	11	387	275.7	443.6	605.5	0.75	0.99	0.86
低高型	7	392	283.7	400.1	604.6	0.55	1.13	0.82

从表1.5.3可看出,在全期使用高营养水平,虽然前期日增重提高,但不利于全期肥育,后期日增重反而下降。所以肥育前期肥育水平不宜过高,营养类型以中高型为好。粗料与精料比例:前期(55~65):(45~35),中期45:55,后期(15~25):(85~75)育肥最为经济。

营养水平对胴体组织的影响是:高水平营养肌肉组织比例少,脂肪组织比例高。

2. 管理状况

科学的管理方法也能提高育肥牛的增重效果。肉牛在10~21℃环境条件下有利于生长发育,低于7℃,牛维持体温需要增多,增重和饲料转化率低,环境温度高于27℃,采食量下降,体重降低。所以为牛创造适宜的生活环境对牛的育肥效果意义重大。

此外,圈舍卫生、经常刷拭牛体、育肥前驱虫防疫,均有利于提高育肥效果。生长期加强运动和光照有利于机体各器官的生长发育，增强体质，提高生活力，但催肥期要限制运动，保持较暗的环境有利于休息，以降低能量消耗，利于催肥。

四、肥育期与屠宰期

肥育期与屠宰期也影响牛的产肉能力。适宜的肥育期和屠宰期能以较低成本生产出大量优质牛肉。肉牛肥育有犊牛、青年牛和成年牛肥育，都以肥育开始的年龄为界。什么年龄肥育要根据对产品的要求、肥育时间、饲料情况及资金周转、市场变化等情况而确定。

根据目前我国肉牛生产情况，选择18~24月龄的青年牛进行肥育最好，研究认为其生长能力比其他年龄段的牛高20%~60%。肥育期长短以4~6个月为好。肥育期过短，增重潜力难以充分发挥，达不到屠宰体况；肥育期过长，采食量下降，增重减缓，成本增加。

肉牛肥育到一定程度，食欲减退，饲料转化率降低，日增重下降，如果继续肥育很不划算。正确把握肥育牛的最佳屠宰期，不仅对饲养者节约投入，降低成本，提高养牛经济效益有利，而且对保证牛肉品质也具有极其重要的意义。生产中，一般当体重达450~500 kg，绝对采食量随肥育期延长而下降至正常采食量的1/3以下或日采食干物质为活重的1.5%以下时，可认为已达到最佳屠宰期。据日本的研究结论，去势公牛的肥育度指数（体重/体高×100）达526时，为最佳屠宰期。根据肥育牛膘情来判断，如尾根下平坦无沟，肩部、胸垂部、背腰部、上腹部、臀部等肌肉丰厚，脂肪沉积良好，整个外观特别圆滑丰满，大腿肌肉附着优良，并向外突出和向下延伸时，便为最佳屠宰期。

📖 复习与思考

（1）肉牛的生长有何规律？
（2）何谓补偿生长？生产中如何应用？
（3）生长速度有哪些评定指标？如何计算？
（4）屠宰测定有哪些项目？内涵是什么？屠宰指标怎样计算？
（5）胴体质量如何评定？
（6）影响产肉性能的因素有哪些？其内涵是什么？

项目二　肉用牛的饲养管理

【知识目标】

（1）掌握各阶段肉牛的饲养管理技术；
（2）掌握牛群放牧的技术要领。

【技能目标】

正确进行各阶段肉牛的饲养管理。

任务一 肉用犊牛的饲养管理

犊牛指初生至断乳前这段时期的小牛。

一、饲 养

由于肉用母牛泌乳性能较差,所以肉用犊牛一般采用随母哺乳法。肉用牛的哺乳期通常为 6 个月。犊牛的饲养管理应注意下面几个环节。

(一) 尽早吃足初乳

犊牛初生期的饲养关键是喂足初乳。初乳是母牛产犊后 5~7 d 内所分泌的乳。初乳色深黄而黏稠,干物质总量较常乳高 1 倍,在总干物质中除乳糖较少外,其他含量都较常乳多,尤其是蛋白质、灰分和维生素 A 的含量。在蛋白质中含有大量免疫球蛋白,它对增强犊牛的抗病力起关键作用;初乳中含有较多的镁盐,有助于犊牛排出胎便;此外初乳中各种维生素含量较高,对犊牛的健康与发育有着重要的作用。

犊牛出生后应在 1 h 内让其吃到初乳。一般犊牛出生后 0.5~1 h,能自行站立时,让其接近母牛后躯,吮吸母乳。体弱者可人工辅助,挤几滴母乳于干净手指上,让犊牛吸吮手指,而后引导到乳头助其吮乳。吃不到亲生母牛初乳的犊牛,最好为其找保姆牛,先把保姆牛的乳汁或尿液抹在犊牛头部和后躯,以混淆保姆牛的嗅觉,直到母牛认犊为止。

在没有同期分娩母牛初乳的情况下,也可喂给牛群中的常乳,但每天需补饲 20 mL 的鱼肝油,另给 50 mL 的植物油以代替初乳的轻泻作用。

(二) 饲喂常乳

以采用随母哺乳、保姆牛法和人工哺乳法给哺乳犊牛饲喂常乳。

1. 随母哺乳法

让犊牛和其生母在一起,从哺喂初乳至断奶一直自然哺乳。肉用犊牛随母哺乳时,每昼夜 7~9 次,每次 12~15 min。应注意观察犊牛哺乳时的表现,当犊牛哺乳时频繁地顶撞母牛乳房,而吞咽次数不多,说明母牛产奶量低,犊牛不够吃。如犊牛吸吮一段时间后,口角出现白色泡沫,说明犊牛已吃饱,应将犊牛拉开,否则,易造成哺乳过量而引起消化不良。一般而言,大型肉犊牛平均日增重 700~800 g,小型肉犊牛平均日增重 600~700 g,若增重达不到上述要求,应加强母牛的饲养水平或对犊牛直接补饲。

2. 保姆牛法

选择健康无病、气质安静、乳及乳头健康、产奶量中下等的奶牛（若代哺犊牛仅一头，选同期分娩的母牛即可，不必非用奶牛）做保姆牛，再按每头犊牛日食 4~4.5 kg 乳量的标准选择数头年龄和气质相近的犊牛固定哺乳，将犊牛和保姆牛管理在隔有犊牛栏的同一牛舍内，每日定时哺乳 3 次。犊牛栏内要设置饲槽及饮水器，以利于补饲。

3. 人工哺乳法

对找不到合适的保姆牛或奶牛场淘汰犊牛的哺乳多用此法。新生犊牛结束 5~7 d 的初乳期以后，可人工哺喂常乳。哺乳时，可先将装有牛乳的奶壶放在热水中隔水加热消毒（不能直接放在锅内煮沸，以防过热后影响蛋白的凝固和酶的活性），待冷却至 38~40 ℃ 时哺喂，2 周龄内日喂 4 次，3~5 周龄日喂 3 次，6 周龄以后日喂 2 次。喂后立即用消毒的毛巾擦嘴，缺少奶壶时，也可用小奶桶哺喂。

犊牛的哺乳量可参考表 1.5.4。哺乳期一般为 5~6 个月，不留作后备牛的犊牛，可实行 4 月龄断奶或早期断奶，但必须加强营养。

表 1.5.4 不同周龄犊牛的喂奶量（kg/d）

周龄	1~2	3~4	5~6	7~9	10~13	14 以后	全期用量
小型牛	3.7~5.1	4.2~6.0	4.4	3.6	2.6	1.5	400
大型牛	4.5~6.5	5.7~8.1	6.0	4.8	3.5	2.1	500

要经常观察犊牛的精神状态及粪便。健康的犊牛，体型舒展，行为活泼，被毛顺而有光泽；若被毛乱而蓬松，垂头弓腰，行走蹒跚，咳嗽，流涎，叫声凄厉，则是有病的表现；若粪便变白、变稀，这是最常见的消化不良的表现，此时只需减少 20%~40% 喂奶量，并在奶中加入 30% 的温开水饲喂，即可很快痊愈，不必用药。

（三）早期补饲植物性饲料

母牛产后 2 个月时产奶量就开始下降，为使犊牛能够正常生长发育，并锻炼消化器官的功能，必须尽早开始补饲。为了给犊牛早期补饲，促进犊牛发育和诱发母牛发情，可在母牛栏的旁边设一犊牛补饲间，短期使大母牛与犊牛隔开。

采用随母哺乳时，应根据草场质量对犊牛进行适当的补饲，既有利于满足犊牛的营养需要，又利于犊牛的早期断奶。

人工哺乳时，要根据饲养标准配合日粮，早期让犊牛采食以下植物性饲料。

（1）干草：犊牛从 7~10 日龄开始，训练其采食干草。在犊牛栏的草架上放置优质干草，供其采食咀嚼，可防止其舔食异物，促进犊牛发育。

（2）精饲料：犊牛生后 15~20 d，开始训练其采食精饲料。初喂精饲料时，可在犊牛喂完奶后，将犊牛料涂在犊牛嘴唇上诱其舔食，经 2~3 d 后，可在犊牛栏内放置饲料盘，放置犊牛料任其自由舔食。因初期采食量较少，料不应放多，每天必须更换，以保持饲料及料盘的新鲜和清洁。最初每头日喂干粉料 10~20 g，数日后可增至 80~100 g，等适应一段时间后再喂以混合湿料,即将干粉料用温水拌湿,经糖化后给予。湿料给量可随日龄的增加而逐渐加大。

补饲的精料要求粗蛋白质含量18%~20%、粗脂肪6%~7%、粗纤维小于5%、钙0.60%、磷0.42%,另添加维生素和微量元素添加剂。根据这个原则,可结合本地条件,确定配方和喂量。精饲料配方可参考表1.5.5。

表1.5.5 犊牛的精料配方(%)

饲料名称	配方1	配方2	配方3	配方4
干草粉颗粒	20	20	20	20
玉米粗粉	37	22	55	52
糖粉	20	40	—	—
糖蜜	10	10	10	10
饼粕类	10	5	12	15
磷酸二氢钙	2	2	2	2
其他微量盐类	1	1	1	1
合 计	100	100	100	100

(3)多汁饲料:从生后20 d开始,在混合精料中加入20~25 g切碎的胡萝卜,以后逐渐增加。无胡萝卜,也可饲喂甜菜和南瓜等,但喂量应适当减少。

(4)青贮饲料:从2月龄开始喂给。最初每天100~150 g;3月龄可喂到1.5~2.0 kg;4~6月龄增至4~5 kg。

(四)饮 水

牛奶中的含水量不能满足犊牛正常代谢的需要,必须训练犊牛尽早饮水。生后1周可在饮水中加入适量牛奶,借以引导。最初需饮36~37 ℃的温开水;10~15日龄后可改饮常温水;1月龄后可在运动场内备足清水,任其自由饮用,但水温不宜低于15 ℃。

(五)补饲抗生素

为预防犊牛拉稀,可补饲抗生素饲料。每头补饲1万IU金霉素,30日龄以后停喂。

二、犊牛的管理

肉用犊牛的管理主要是注意卫生,定期消毒防疫,称重编号,分栏分群,防寒防暑,及时断奶,加强运动,公犊去势、去角等。

1. 注意保温、防寒

特别是在我国北方,冬季天气严寒,风大,要注意犊牛舍的保暖,防止贼风侵入。在犊牛栏内要铺柔软、干净的垫草，保持舍温在 0 ℃ 以上。

2. 去角

对于将来做肥育的犊牛和群饲的牛去角更有利于管理。去角的适宜时间多在生后 7～10 d，常用的去角方法有电烙法和固体苛性钠法两种。电烙法是将电烙器加热到一定温度后，牢牢地压在角基部直到其下部组织烧灼成白色为止（不宜太久太深，以防烧伤下层组织），再涂以青霉素软膏或硼酸粉。后一种方法应在晴天且哺乳后进行，先剪去角基部的毛，再用凡士林涂一圈，以防药液流出，伤及头部或眼部，然后用棒状苛性钠稍湿水涂擦角基部，至表皮有微量血渗出为止。在伤口未变干前不宜让犊牛吃奶，以免腐蚀母牛乳房的皮肤。

3. 母仔分栏

在小规模系养式的母牛舍内，一般都设有产房及犊牛栏，但不设犊牛舍。在规模大的牛场或散放式牛舍，才另设犊牛舍及犊牛栏。犊牛栏分单栏和群栏两类，犊牛出生后即在靠近产房的单栏中饲养，每犊一栏，隔离管理，一般 1 月龄后才过渡到群栏。同一群栏犊牛的月龄应一致或相近，因不同月龄的犊牛除在饲料条件的要求上不同以外，对于环境温度的要求也不相同，若混养在一起，对饲养管理和健康都不利。

4. 刷 拭

在犊牛期，由于基本上采用舍饲方式，因此皮肤易被粪及尘土所黏附而形成皮垢，这样不仅降低皮毛的保温与散热力，使皮肤血液循环恶化，而且也易患病，为此，对犊牛每日必须刷拭一次。

5. 运动与放牧

犊牛从出生后 8～10 日龄起，即可开始在犊牛舍外的运动场做短时间的运动，以后可逐渐延长运动时间。如果犊牛出生在温暖的季节，开始运动的日龄还可适当提前，但需根据气温的变化，掌握每日运动时间。

在有条件的地方，可以从生后第 2 个月开始放牧，但在 40 日龄以前，犊牛对青草的采食量极少，在此时期与其说放牧不如说是运动。运动对促进犊牛的采食量和健康发育都很重要。在管理上应安排适当的运动场或放牧场，场内要常备清洁的饮水，在夏季必须有遮阴条件

任务二　育成牛的饲养管理

犊牛断奶至第一次配种的母牛，或做种用之前的公牛，统称为育成牛。此期间是生长发育最迅速的阶段，精心的饲养管理，不仅可以获得较快的增重速度，而且可使幼牛得到良好的发育。

一、育成母牛的饲养

育成母牛在不同年龄阶段，其生理变化与营养需求不同。

1. 6~12月龄

此段时期为母牛性成熟期。在此时期，母牛的性器官和第二性征发育很快，体躯向高度和长度两个方向急剧生长，达到生理上的最高生长速度。同时，其前胃已相当发达，容积扩大1倍左右。因此，在饲养上要求既能提供足够的营养，又具有一定的容积以刺激前胃的继续发育。所以对这一时期的育成牛，除给予优质的干草和青饲料外，还必须补充一些混合精料。组织日粮时，粗料可占日粮总营养的50%~60%，混合精料占40%~50%，到周岁时粗料逐渐加到70%~80%，精料降至20%~30%。不同的粗料要求搭配的精料质量也不同，用豆科干草做粗料时，精料需含8%~10%的粗蛋白质；若用禾本科干草做粗料，精料粗蛋白质含量应为10%~12%；用青贮做粗料，则精料应含12%~14%的粗蛋白质。

2. 12~18月龄

育成牛的消化器官更加扩大，为进一步促进其消化器官的生长，日粮应以青、粗饲料为主，其比例约占日粮干物质总量的75%，其余25%为混合精料，以补充能量和蛋白质的不足。

3. 18~24月龄

此段时期内牛生长速度变缓，体躯显著向宽、深发展，并已进入配种繁殖期。若饲养过丰，在体内容易蓄积过多脂肪，导致牛体过肥，造成不孕；但若饲养过于贫乏，又会导致牛体生长发育受阻，成为体躯狭浅、四肢细高、产奶量不高的母牛。因此，在此期间应以优质干草、青草或青贮饲料为基本饲料，精料可少喂甚至不喂。但到妊娠后期，由于体内胎儿生长迅速，则须补充混合精料，日定额为2~3 kg。

如有放牧条件，育成牛应以放牧为主。在优良的草地上放牧，精料可减少30%—50%；放牧回舍，若牛未吃饱，则应补喂一些干草和适量精料。

二、育成母牛的管理

1. 分　群

育成母牛在6月龄时与育成公牛分开，并以年龄阶段组群，将年龄及体格大小相近的牛分在一起，最好是月龄差异不超过1.5~2个月，活重也不超过25~30 kg。

2. 定　槽

圈养拴系式管理的牛群，采用定槽是必不可少的，使每头牛有自己的牛床和食槽。牛床和食槽要定期消毒。

3. 加强运动

充足的运动是培育育成牛的关键之一。在饲舍条件下，每天至少要有2 h以上的驱赶运动。

4. 转　群

育成母牛在不同生长发育阶段，生长速度不同，应根据年龄、发育情况按时转群。一般在 12 月龄、18 月龄、受胎后或至少分娩前 2 个月共 3 次转群。同时称重并结合体尺测量，对发育不良的进行淘汰。

5. 乳房按摩

为了刺激乳腺的发育和促进产后泌乳，对 12~18 月龄育成牛每天按摩 1 次乳房，妊娠母牛每天按摩 2 次，每次按摩时用热毛巾敷擦乳房。产前 1~2 个月停止按摩。

6. 刷 拭

为了保持牛体清洁，促进皮肤代谢和驯成温顺的脾气，每天刷拭 1~2 次，每次 5 min。

7. 初 配

育成母牛满 18 月龄，体重达成年时的 70% 即可配种。育成牛不如成年牛发情明显和规律，所以在配种前一个月应注意其发情表现，以防漏配。

8. 其 他

春秋驱虫，定期检疫和防疫注射。做好防暑防寒工作。

三、育成公牛的饲养管理

公、母犊牛在饲养管理上几乎相同，但进入育成期后，二者在饲养管理上有所不同，必须按不同年龄和发育特点予以区别对待。

育成公牛的生长比育成母牛快，因而需要的营养物质较多，特别需要以补饲精料的形式提供营养，以促进其生长发育和性欲的发展。对育成公牛的饲养，应在满足一定量精料供应的基础上，令其自由采食优质的精、粗饲料。6~12 月龄，粗饲料以青草为主时，精、粗饲料占饲料干物质的比例为 55∶45；以干草为主时，其比例为 60∶40。在饲喂豆科或禾本科优质牧草的情况下，对于周岁以上育成公牛，混合精料中粗蛋白质的含量以 12% 左右为宜。

在管理上，育成公牛应与大母牛隔离，且与育成母牛分群饲养。留种公牛 6 月龄始带笼头，拴系饲养。为便于管理，达 8~10 月龄时就应进行穿鼻带环，用皮带拴系好，沿公牛额部固定在角基部，鼻环以不锈钢的为最好。牵引时，应坚持左右侧双绳牵导。对烈性公牛，需用勾棒牵引，由一个人牵住缰绳的同时，另一人两手握住勾棒，勾搭在鼻环上以控制其行动。肉用商品公牛运动量不易过大。以免因体力消耗太大影响育肥效果。对种用公牛的管理，必须坚持运动，上、下午各进行一次，每次 1.5~2.0 h，行走距离 4 km，运动方式有旋转架、套爬犁或拉车等。实践证明，运动不足或长期拴系，会使公牛性情变坏，精液质量下降，易患肢蹄病和消化道疾病等。但运动过度或使役过劳，对牛的健康和精液质量同样有不良影响。每天刷拭 2 次，每次刷拭 10 min，经常刷拭不但有利于牛体卫生，还有利于人牛亲和，且能达到调教驯服的目的。此外，洗浴和修蹄也是管理育成公牛的重要操作项目。

任务三 繁殖母牛的饲养管理

人们饲养肉用种母牛,期望母牛的受胎率高,泌乳性能高,哺育犊牛的能力强,产犊后返情早;期望产生的犊牛质量好,初生重、断奶重大,断奶成活率高。

一、繁殖母牛的关键营养与供应

饲养成年母牛的效益只能通过繁殖成活率来体现,这个指标与母牛的营养关系十分密切。要使养母牛的效益提高,必须做到年产一犊,而母牛营养的供应左右着母牛受配率和受胎率乃至产后犊牛的成活率,对能否达到饲养者的目的起着决定性作用。一般情况下肉用母牛喂草多、喂料少,必须在能量保证的前提下,提供适量的蛋白质。而且容易发生缺磷,缺磷对繁殖率有严重的影响,可使母牛受胎率、泌乳力均下降;维生素 A 是繁殖母牛饲料中最重要的维生素,缺乏可降低母牛的繁殖率。通过给母牛补充维生素 A,还可改善初生犊牛的维生素状况,但维生素 A 的添加水平必须很高,因为维生素 A 在瘤胃和真胃内被破坏严重;配种前应进行"短期优饲",但要防止营养过剩,过度肥胖会导致母牛卵巢脂肪变性而影响卵泡成熟和排卵,同时也易发生难产。

产犊前后 70 d 的各种营养供应,是繁殖母牛饲养的关键。

二、妊娠期母牛的饲养管理

妊娠母牛的饲养管理,其主要任务是保证母牛的营养需要和做好保胎工作。妊娠母牛的营养需要与胎儿生长有直接关系。妊娠牛若营养不足,会导致犊牛初生重小、生长慢、成活率低。妊娠 5 个月前胎儿生长发育较慢,可以和空怀牛一样饲养,一般不增加营养,只保持中上等膘情即可。胎儿增重主要在妊娠的最后 3 个月,此期的增重占犊牛初生重的 70%~80%,需要从母体吸收大量营养。若胎儿期生长不良,出生后将难以补偿,使犊牛增重速度减慢,饲养成本增加。同时母牛还需要在体内蓄积一定养分,以保证产后泌乳。到分娩前母牛至少需增重 45~70 kg,才足以保证产后的正常泌乳与发情。

1. 舍饲饲养

饲养的总原则是根据不同妊娠阶段按饲养标准供给营养,以混合干草为主,适当搭配精料。

妊娠 5 个月前,如处在青草季节,母牛可以完全喂青草而不喂精料,冬季日粮应以青贮、干草等粗饲料为主,缺乏豆科干草时少量补充蛋白质精料和尿素,以降低饲养成本。

妊娠 6~9 月,若以玉米秸或麦秸为主,母牛很难维持其最低营养需要,必须搭配 1/3~1/2 豆科牧草,另外加 1 kg 左右混合精料。精料应选择当地资源丰富的农副产品,如麦麸、饼粕类,再搭配少量玉米等谷物饲料,并注意补充矿物质和维生素 A。其配方可参考玉米 27%、大麦 25%、饼类 20%、麦麸 25%、矿物质 1%~2%、食盐 1%~2.5%,每千克精料另加维生素 A 3 000~3 600 IU。

妊娠母牛要禁喂未脱毒的棉子饼、菜子饼、酒糟及冰冻、发霉变质饲料。饮水温度应不低于 10 ℃。

每天饲喂 2~3 次，饮水 3 次，可采用先粗后精的饲喂顺序，即先喂粗料，待牛快吃饱时，在粗料中拌入部分精料和多汁饲料碎块，引诱牛多采食，最后将余下的精料全部投饲。

2. 放牧饲养

由舍饲转入放牧，要有过渡阶段，严防"抢青"拉稀，甚至流产。夏秋季节可尽量延长放牧时间，一般不补饲。冬春枯草季节要补饲，特别是对妊娠最后 2~3 个月的母牛，应进行重点补饲，根据牧草质量和牛的营养需要确定补饲草料的种类和数量。精料补饲量每头每天 0.8~1.1 kg，由 50% 玉米、10% 糠麸类、30% 饼类、7% 高粱或大麦、2% 石灰石粉、1% 食盐组成，每千克精料另加维生素 A 2 800~3 200 IU。

3. 妊娠母牛的管理

肉牛难产率较高，尤其是初产母牛，运动是防止难产的有效途径，同时还可增强母牛体质，促进胎儿发育，所以必须加强运动。但要防止母牛发生挤、碰、滑、跌及角斗。刷拭能增强母牛健康，也是一项重要的管理工作。特别是头胎母牛，除刷拭外，还要进行乳房按摩，以利乳房发育和产后犊牛哺乳。产前 15 d，要将母牛移入产房，由专人饲养和看护，发现临产征兆，估计分娩时间，准备接产工作。

三、哺乳期母牛的饲养管理

母牛泌乳量的高低，关系到犊牛的断奶重，也是犊牛全活全壮的基础。所以，哺乳母牛的饲养管理主要任务是使其达到足够的泌乳量，并尽早发情配种。饲养的总原则是哺乳阶段不掉膘，也不使牛过肥。

1. 舍 饲

母牛分娩后最初几天，体力尚未恢复，消化机能很弱，必须给予容易消化的日粮。粗料应以优质干草为主，精料最好是麦麸，每日 0.5~1.0 kg，逐渐增加，3~4 d 后就可转入正常日粮。母牛产后恶露未排净之前，不可喂给过多精料，以免影响生殖器官的复原和产后发情。

当母牛消化正常，体力恢复后，为促进其泌乳，除喂给干草、青贮料外，应加喂一些青草和多汁饲料，并搭配混合精料。特别是产后 70 d 内，是泌乳母牛饲养的关键，采食量及营养需要在母牛各生理阶段中最高。热能需要增加 50%，蛋白质需要量加倍，钙、磷需要量增加 3 倍，维生素需要量增加 50%。如果供应不足，就会使产奶量下降，犊牛生长停滞，患下痢、肺炎和佝偻病等。实际饲养中，除每天供给优质干草 5~7 kg（或青草 30 kg 或青贮料 22 kg）外，另加 1.5~2.0 kg 精料。如粗料为秸秆类，则精料需增加 0.4~0.5 kg。精料配方可参考：玉米 50%、麦麸 20%、豆饼 10%、棉仁饼 5%、胡麻饼 5%、花生饼 3%、葵子饼 4%、磷酸氢钙 1.5%、碳酸氢钙 0.5%、食盐 0.9%、微量元素和维生素添加剂 0.1%；或玉米 50%、豆饼 20%、玉米蛋白 10%、酵母饲料 5%、麦麸 12%、磷酸氢钙 1.6%、碳酸钙 0.4%、食盐 0.9%、微量元素和维生素添加剂 0.1%。

饲喂时要增加饲喂次数,并保证充足、卫生的饮水。

2. 放 牧

放牧时,对哺乳母牛应分配就近的良好牧场,防止游走过多体力消耗大而影响母牛泌乳和犊牛生长。牧场牧草产量不足时,要进行补饲,特别是体弱、初产和产犊较早的母牛。以补粗料为主,必要时补一定量的精料。一般是日放牧 12 h,补精料 1~2 kg,饮水 5~6 次。

繁殖母牛的妊娠、产犊、泌乳和发情配种是相互紧密联系的过程。饲养时既要满足其营养需要,达到提高繁殖率和犊牛增重的目的,又要降低饲养成本,提高经济效益。这就需要对放牧和舍饲、粗料和精料的搭配等作出合理安排,有计划地安排好全年饲养工作。

任务四　　肉牛的放牧技术

利用天然草原或人工草地放牧养牛,饲养管理程序简便,节省人力和物力,饲养成本低,是一种饲养肉牛的好方式。牛在牧场上自由活动,接触阳光,呼吸新鲜空气和充分运动,能有效提高生产性能,对生长期的幼牛还能起到适应气候条件和增强对疾病抵抗力等作用,有利于生长发育。但要获取高的生产性能和经济效益,取决于两个条件,一是草场状况及合理利用,二是放牧技术。

一、草场的科学利用

1. 四季牧场的划分

四季牧场划分是指按草场气候条件来划分放牧地段,并不意味着按四个自然季节划分。

(1)春季牧场:5~6月份利用。该季气候变化大,风雪频繁,牛处于一年中最乏弱的时期,应划分小气候或生态条件较优越,避风向阳,化雪及牧草萌发较早,靠近冬季牧场的山谷坡地、丘陵或有高地可以挡风的平坦地带。

(2)夏季牧场:7~8月份利用。应选择地势较高,离居民点最远,降雪时间来临较早,气温低而变化剧烈,只有夏季才能利用的凉爽、蚊虻较少,并有充足水源的牧场为夏季牧场。

(3)秋季牧场:9~10月利用。牛群从高山或边远的夏季牧场归来,自然应以山腰地带为秋季牧场。秋季是牛群抓秋膘和为越冬过春打好基础的场所,要求牧草丰茂,饮水方便,有利于牛只增重。

(4)冬季牧场:11月至翌年4月利用。冬季天寒草枯,牧草质劣量少,应选择离居民点或牛群棚圈较近、避风或南向的低洼地、丘陵南坡或平坦地段。这些地段小气候好,干燥而不易积雪。在划分冬季牧场时,一般应增加10%~25%的面积作为后备牧场。有条件的地区,还可在附近留一些高草地或灌木区,以备大雪将其他牧场覆盖时急用。

2. 确定合理载牧量

载牧量是指在一定放牧时期内,在一定草场面积上不影响草地生产力和保证家畜正常生

长发育情况下所能容纳放牧家畜的头数。放牧养牛时,可用牛的采食量、草地的产草量来确定载牧量,可按下式计算:

$$H = \frac{Y}{R}$$

式中:H 为草地载牧量;R 为牛的青草采食量(kg/d);Y 为草地产草量(kg/hm^2)。

牛每日青草采食量一般是:种公牛 30~40 kg,活重 400~500 kg 的母牛及青年牛(包括妊娠干奶牛)40~55 kg,产奶量 10~12 kg 的母牛 45~55 kg,1 岁以内的小牛 18~20 kg,平均日增重 600 g 的育成牛 25~30 kg。

草地产草量的确定:应在未放牧前 5 d 之内,选择若干有代表性的样区,小面积测定后估出大面积的产草量。

3. 划区轮牧

划区轮牧指将每个季节牧场再划分成若干个分区,按照合理的载牧量,使牛按照一定顺序逐区放牧采食,轮回利用草场。

分区数目的确定是以轮牧周期除以每分区一次放牧天数。轮牧周期指依次放牧全部分区所需要的天数。一般是干旱草场 30~35 d,荒漠草场 30~50 d,草甸及森林草场 25~30 d,高山、亚高山草场 30~45 d。每分区一次放牧一般为 5 d。分区的大小按产草量和牛群大小而定。一般优等草场 18~20 头/hm^2,中等草场 10~12 头/hm^2,贫瘠草场 4~5 头/hm^2。

4. 放牧地的轮换利用

轮换利用是指在每个季节牧场内,各分区各年的利用时间和方式按照一定规律顺序变动,以避免每年都在同一时间,以同样方式利用同一草场。这样可提高草场生产力,是合理利用草场的一种有效措施。

二、牛群的合理组织

为便于放牧管理,合理利用草场,提高牛的生产性能,应根据草场具体情况,将不同品种、年龄、性别、活重、健康及产奶牛、干奶牛、肥育牛分别组群。

一般情况下,放牧牛群可分为以下群体。

1. 产奶牛群

每群 100~150 头(不包括犊牛),应分配良好草场。

2. 干奶牛群

包括初配年龄的母牛和当年未产犊而干奶的母牛,每群 150~200 头,分配较好草场。

3. 断奶至 1 岁的幼牛群

这类牛性情活泼,合群性差,管理困难,以 40~50 头为宜,分配与干奶牛同样草场,使其有良好的生长发育条件。

4. 青年牛群

青年牛指12月龄以上未达配种年龄的牛，每群150~200头，分配边远牧场，早出晚归，夏秋季进行夜牧。

5. 肥育牛群

每群100~150头，头数少时可将公牛并入此群，分配与青年牛同样草场，同样放牧，使其尽快增重。

全年放牧的牛，可将营养差、病弱的牛单独组群，及早补饲。

三、放牧技术与注意事项

1. 放牧技术

根据草场情况，放牧时应采取不同的队形。在良好的草场上划区轮牧时，出牧和归牧要迎头压道控制牛群纵队行进，以免乱跑践踏牧草。进入草场后，将牛群控制成横队采食（牧民称"一条鞭"）。放牧员一人在牛群前8~10 m处面对牛群，控制和引导牛群前进，一人在后防止牛掉群。这样可保证每头牛充分采食而避免牧草被践踏浪费。

在牧草生长不均匀或质量差的草场放牧时，若采用横队前进就会使一些牛无草可食，则需改为散牧（牧民称"满天星"），让牛在牧地上相对分散自由采食，在较大面积上每头牛同时都能采食较多的牧草。

牛群在放牧过程中，初牧时采食时间多，比较安静，逐渐饱食后，游走时间随之增多，放牧员要控制牛群，防止行进过快而导致牧场利用不完全。大部分牛饱食后，会有卧息现象。此时可控制牛群停止前进，让其卧息或反刍，休息40~60 min后，继续放牧。

放牧时要根据天气情况，早晨及傍晚或雨天，要顺风放牧；天气炎热时，要在地势高、通风好、凉爽的高山、平滩顶风放牧，但要避免阳光直射牛的眼睛。

夏季要早出牧，使牛多采食带露水牧草。牧谚有"牛吃露水草，发情配种早"，说明露水草放牧，能使牛尽早恢复体力，促进发情配种。秋末蚊蝇多，牧草枯黄，要逐渐减少放牧时间。牛采食带霜牧草后容易引起腹泻或母牛流产，因此要在霜消后出牧。

要保证牛饮水并注意水源卫生，防止寄生虫感染。

2. 放牧时的注意事项

（1）舍饲牛在放牧前10~15 d增加多汁饲料和青贮饲料的喂量，并增加舍外停留和运动时间，使其逐渐转向放牧，防止因环境和饲养条件的突然改变引起失重和疾病。开始放牧后，要逐渐延长放牧时间。完全放牧的牛群，全天放牧时间不得少于10 h，采食量大的产奶牛群应在12 h以上。牧草稀疏低矮时，为使牛达到应有的采食量，也应延长放牧时间。根据季节和牛群，制订并严格执行出牧、归牧和补饲等的时间，以提高放牧效果。

（2）早春草太短和初冬草已粗硬时，牛一般吃不饱，特别是对妊娠后期母牛和产奶牛及刚断乳的幼牛，要注意补饲。归牧后干草、青贮料最好自由采食，必要时可补喂少量精料。

（3）在有大量豆科牧草的草场（特别是栽培草地），放牧时间不得超过20 min，也不能在露水未干时放牧，以防发生鼓胀。或先在其他牧场放牧，快吃饱后再到豆科为主的草场放牧。此外，牛在放牧饲养时，要注意矿物质的补饲，特别是磷和食盐，以舔砖形式补饲。

📖 复习与思考

（1）犊牛成活率低、容易得病是什么原因造成的？
（2）如何判断犊牛是否吃饱？若生长缓慢，应采取什么措施？
（3）养好育成牛的关键是什么？
（4）繁殖母牛的营养重点是什么？
（5）怎样才能养好妊娠和泌乳母牛？
（6）怎样科学利用草场？什么是载牧量、划区轮牧和轮牧周期？
（7）阴雨天在较好草场放牧，应采用怎样的放牧方式？若牧草质量差应采取何措施？
（8）放牧时应注意一些什么问题？

项目三　肉牛肥育技术

【知识目标】

（1）了解肉牛的主要肥育方式；
（2）掌握肉牛肥育的技术要领；
（3）提高肉牛肥育效果的主要技术措施。

【技能目标】

正确进行肉牛的肥育管理。

任务一　肉牛肥育的基本方法

肉牛肥育，就是使日粮中的营养成分含量高于牛本身维持和正常发育所需的营养，使多余的营养以蛋白质和脂肪的形式沉积于体内，获得高于正常生长发育的日增重，缩短出栏日龄，达到育肥的目的。整个育肥过程以获得高的日增重、生产优质牛肉和取得最大经济效益为中心。

一、肥育前的准备工作

为了搞好肥育工作，提高肥育效果，在肥育前应根据肥育牛的具体情况和肥育方式，做好以下几方面的工作。

1. 健康检查

肥育前要对待肥育牛进行逐头检查，将患消化道疾病、传染病、无齿或其他无肥育价值的牛只剔除，以保证肥育安全和肥育效果。

2. 驱虫及防疫

体外寄生虫影响牛休息和正常采食，降低育肥期增重；体内寄生虫会产生毒素，危及牛体健康，影响牛生长和育肥效果。因此，所有肥育牛在肥育前要进行彻底驱虫，清除体内外寄生虫。驱虫时根据牛的体重计算出用药量，逐头进行，一周后再驱虫一次。药物可选用阿维菌素或依维菌素（每千克体重 0.2 mg 皮下注射）、左旋咪唑（每千克体重 7.5 mg 肌注）、丙硫苯咪唑（每千克体重 10 mg 口服）等。并根据当地疫情进行防疫注射，以免发病及影响肥育效果。

3. 分组编号

按品种、性别、年龄、体重及营养状况分群肥育，以便正确确定营养标准，合理配制日粮，促进肥育效果。分组的同时给牛只编号，以便于管理和测定肥育成绩。

4. 去 势

为了利用公牛生长快、瘦肉率高的特性，一般 2 岁前屠宰的牛肥育时可不去势，如果生产高档牛肉应在 1 岁前去势，成年公牛肥育，须在肥育前 20 d 去势，以提高肉的品质。

5. 称 重

为了计算日增重和饲料转化率，确定肥育日粮营养及用量，肥育前应对牛只称重。连续称取 2d 早晨空腹重，取其平均值作为肥育始重。

6. 牛舍及草料准备

肥育前要因地制宜地准备好牛舍。肥育牛舍比较简单，只需做到夏季防暑，冬季保温、干燥，通风良好即可。设备应实用、廉价和安全，要定期消毒。

肥育前还应按牛头数、肥育天数及每头牛需要量准备好各类草料，以避免肥育中途大幅度换料，引起牛消化道不适，影响肥育效果。

二、肉牛的肥育方式

牛的肥育主要有持续肥育和后期集中肥育两种方式。

1. 持续肥育

持续肥育是指犊牛断奶后直接转入育肥阶段，用高水平营养饲料育肥直到出栏为止。特点是充分利用了牛饲料利用率最高的生长阶段，能保持较高的增重和肌肉组织生长，缩短生产周期，提高出栏率，故总的肥育效率高。生产的牛肉肉质鲜嫩，脂肪少，品质好，能满足市场对高档优质牛肉的需求，是一种值得推广的肥育方法。

2. 后期集中肥育

对 1.5~2 岁未经肥育或不够屠宰体况的牛，在较短时间内集中较多的精料和糟渣类饲料饲喂，让其增膘的方法叫后期集中肥育。这种肥育方式还包括淘汰的乳用、役用及肉用繁殖母牛的肥育。后期集中肥育对于改良牛肉品质，提高肥育牛经济效益有明显的作用。肥育方法有放牧加补饲及秸秆加精料、青贮料加精料、糟渣加精料等日粮类型的舍饲肥育。

三、舍饲肥育的饲料形态和饲喂方式

（一）饲料形态和调制

肉牛的各类粗饲料，喂前均需加工处理。秸秆类饲料可先用揉搓机揉搓成 0.5~1.0 cm 的丝状，或先铡短再粉碎成 0.5~0.7 cm 长，然后进行氨化处理；干草有条件可制粒，无条件可粉碎；青贮原料切成 0.8~1.5 cm（最好不超过 1cm）后青贮。饲喂前，将所用各类饲料，包括粗料、精料及添加剂等充分拌匀，至少来回翻动 3 次，以看不到各类饲料的层次为准。这样，牛不能挑食，上槽先后所食饲料一样，有利于肥育牛整齐发育。

理想的肥育牛饲料，应当有青贮饲料或糟渣类饲料，因此，可将其他饲料与这类饲料均匀拌成半干半湿状态（含水量 40%~50%）喂牛，效果最好。肥育牛不宜采食干粉状饲料，因为牛一边采食，一边呼吸，极易把粉状料吹起，也影响牛本身的呼吸。

肥育牛在采食半干半湿混合料时要特别注意，防止混合料发酵产热。发酵产热后的饲料适口性降低，影响牛的采食量。所以应采取多次拌料，每次少拌，用完再拌；拌好的料应放在阴凉处，厚度以 10 cm 为好。

（二）饲喂方式

1. 饲料喂法

舍饲肥育有限制采食和自由采食两种饲喂方法。前者是将按照肥育所需营养配合的日粮，每日限定饲喂时间、次数和给量，一般每天饲喂 2~3 次；后者是将配合日粮投入饲槽，昼夜不断，让牛任意采食。

自由采食能满足牛生长发育的营养需要，因此长得快，牛的屠宰率高，出肉多，肥育牛能在较短时间内出栏，省劳力；但饲料浪费较多。限制采食时，牛不能根据自身需要采食饲料，因此限制了牛的生长发育速度，且需要劳力多；但饲料浪费少。牛有争食的习性，群饲时采食量大于单槽饲养。因此，有条件的肥育场应采用群饲方式喂牛。

投料采用少给勤添，使牛总有不足之感，争食而不厌食或挑食。但少给勤添时要注意牛的采食习惯，一般的规律是早上采食量大，因此第一次添料要多些，太少了容易引起牛争料而顶撞斗架；晚上最后一次添料也要多一些，以供牛夜间采食。

2. 饲料更换

随着牛体重的增加，各种饲料的比例会有调整。更换饲料应采取逐渐更换的办法，要有

3~5 d 的过渡期，逐渐让牛适应新更换的饲料，绝不可骤然改变，以免影响牛的消化。在饲料更换期间，饲养人员要勤观察，发现异常，及时采取措施，以减少饲料更换造成的损失。

3. 饮　水

饮水不足，影响肥育牛的生长发育。一般肥育牛每采食 1 kg 饲料（干物质），需饮水 3~5 kg。饮水充足，牛精神饱满，被毛有光泽，食欲好，采食量大。饮水最好采用自由饮水装置；如因条件限制而采用定时饮水，每天至少 3 次。

四、放牧肥育

利用草原资源，采用放牧方式，适当补饲精料，也能收到良好肥育效果。放牧肥育的时间应选择每年的 7~10 月牧草茂盛、牧草结子期进行。

放牧时采用早出晚归，中午天气炎热时在通风阴凉处休息，晚上到有食槽处补饲，每天行走距离不要超过 4~5 km。补料时 1 头一个槽，避免抢料格斗。补料量根据牛体重和草质而异，一般为体重的 1%~1.5%。

当气温下降到 7 ℃ 左右时，应出栏上市。

五、肥育牛的管理

为了提高肥育效率，管理上要做好以下几项工作。

1. 选择好肥育季节

肉牛肥育以秋季最好，春、冬季次之。夏季气温超过 30℃，牛食欲下降，增重缓慢，自身代谢快，饲料转化率低，必须做好防暑降温工作。

2. 采用围栏或拴系饲养

肉牛饲养分围栏饲养和拴系饲养，肥育牛每头占地面积为 4 m^2 左右，环境温度控制为 7~24 ℃。围栏饲养比拴系饲养不仅能提高增重，还可提高屠宰率和净肉率，有条件的肥育场，应提倡围栏饲养。

3. 限制运动

限制运动可减少营养消耗，提高肥育效果。将肥育牛圈于休息栏内或每头牛单木桩拴系，拴系缰绳长度为 50~60 cm，以牛刚能卧下为好。

4. 坚持刷拭

刷拭可促进牛体血液循环和皮肤弹性，提高采食量和增重速度。育肥时应从头到尾每天刷拭 2 次，每次 10 min。

5. 定期消毒

肥育过程中要对牛舍和环境定期消毒，尤其是刷拭、喂饮等用具。

6. 坚持"五查、五净"

查精神、查采食、查饮水、查反刍、查粪便，发现异常，及时诊治。同时要做到草料净、饲槽净、饮水净、牛体净、圈舍净。

任务二　犊牛肉生产

肥育后的犊牛肉富含水分，鲜嫩多汁，蛋白质含量比一般牛肉高 27.2%～63.8%，而脂肪却低 95% 左右，并且人体所必需的氨基酸和维生素齐全，是理想的高档牛肉，现已成为旅游业、贸易业、星级宾馆饭店的紧缺货，发展前景十分广阔。犊牛肉生产主要有两种方式，即小白牛肉生产和小牛肉生产。

一、小白牛肉生产

小白牛肉是指犊牛从出生到 100 日龄内，体重达到 100 kg 左右，完全由乳或代乳粉饲喂所产的牛肉。因饲料含铁量极少，故其肉为白色，肉质细嫩，味道为乳香味，十分鲜美。由于生产小白牛肉不喂其他任何饲料，甚至连垫草也不让采食，因此饲喂成本高，但售价也高，其价格是一般牛肉价格的 8～10 倍。

1. 犊牛选择

肉用公犊和淘汰母犊是生产小白牛肉的最好牛源，但我国在目前条件下，专门化肉用品种极少，所以可选择荷斯坦牛公犊，利用其前期生长速度快，育肥成本较低的优势生产小白牛肉。要求乳用犊牛初生重 45 kg 以上，若选用良种黄牛或杂种牛犊牛，初生重要求 35～38 kg。健康无病，头大嘴大，管围粗，身腰长，后躯方，无任何生理缺陷。

2. 肥育技术

出生后人工哺喂 3～4 d 初乳，每日 3 次。喂完初乳后喂常乳或代乳粉，喂量随日龄增长而逐渐增加，要求平均日增重 800～1 000 g。由于用乳量多，成本高，所以近年来用与常乳营养相当的代乳粉饲喂，每千克增重需 1.3～1.5 kg。代乳粉配方可参考：乳清粉 38%、半浓缩乳清粉 25%、大豆改性蛋白 17.5%、脂肪 17.5%、微量元素和维生素添加剂 1.5%、赖氨酸 0.3%、蛋氨酸 0.2%。严格限制代乳粉中的含铁量，强迫犊牛在缺铁条件下生长，这是小白牛肉生产的关键技术。代乳粉加水量前期为 1：（7～8），后期为 1：（6～6.5）。

管理上采用圈养或犊牛栏饲养，每圈 10 头，每头占地 2.5～3.0 m^2。犊牛栏全用木制，长 140 cm、高 180 cm、宽 45 cm、底板离地高 50 cm。舍内要求光照充足，通风良好，温度 15～20 ℃，干燥。小白牛肉全乳饲喂生产方案可参考表 1.5.6。

表 1.5.6 小白牛肉全乳饲喂生产方案（kg）

日　龄	期末增重	日喂乳量	日增重	需乳总量
1～30	40.0	6.40	0.80	192.0
31～45	56.1	8.30	1.07	133.0
46～100	103.0	9.50	0.84	513.0

二、小牛肉生产

犊牛出生后饲养至7～8月龄或12月龄以前，以乳（或代用乳）为主，辅以少量精料培育所产的肉，称为小牛肉。小牛肉富含水分，鲜嫩多汁，含蛋白质多而脂肪少，肉质呈淡粉红色，胴体表面均匀覆盖一层白色脂肪，风味独特，营养丰富。小牛肉分大胴体和小胴体，犊牛肥育至6～8月龄，体重达到250～300 kg，屠宰率58%～62%，胴体重130～150 kg称为小胴体；如果肥育至8～12月龄，屠宰活重达到350 kg以上，则称为大胴体。

1. 犊牛选择

尽量选择早期生长快的品种，如肉用公犊、肉用淘汰母犊、乳用公犊、奶牛或肉牛与黄牛的高代杂种公犊。初生重一般要求在35 kg以上，健康无病，无缺损。

2. 肥育方法

喂3～5 d初乳后人工哺喂常乳，1月龄内按体重的10%～12%饲喂。7～10 d开始喂混合精料，逐渐增加到0.5～0.6 kg/d，青草或青干草自由采食。1月龄后日喂奶量基本保持不变，3月龄后喂奶量逐渐减少，喂料量则逐渐增加，青草或青干草仍自由采食，自由饮水。喂奶（或代用乳）直到6月龄止，可在此时出售，也可继续肥育至7～8月龄或12月龄出栏。下面介绍一种小牛肉生产方案供参考（表1.5.7）。

表 1.5.7 小牛肉生产方案（kg）

周　龄	始　重	日增重	日喂乳量	配合饲料日喂量	青干草
0～4	40～59	0.6～0.8	5.0～7.0	自由采食	自由采食
5～7	60～79	0.9～1.0	7.0～7.9	0.1	自由采食
8～10	80～99	0.9～1.1	8.0	0.4	自由采食
11～13	100～124	1.0～1.1	9.0	0.6	自由采食
14～16	125～149	1.1～1.3	10.0	0.9	自由采食
17～21	150～199	1.2～1.4	10.0	1.3	自由采食
22～27	200～250	1.1～1.3	9.0	2.0	自由采食
合　计			1 918	188.3	150

为节省用奶量，提高增重效果并减少疾病发生，所用肥育精料要具有能量高、易消化的

特点，并可加入少量抑菌制剂。可参考以下配方：玉米 60%、豆饼 12%、大麦 13%、蛋粉 3%、油脂 10%、磷酸氢钙 1.5%、食盐 0.5%，每千克饲料中加入维生素 A 100 万~200 万 IU。1~3 月龄每千克饲料再加入 2 200 mg 土霉素。

5 月龄后拴系饲养，减少运动，但每天应晒太阳 3~4 h。舍内温度要求 18~20 ℃，相对湿度 80%以下。

任务三　架子牛肥育

架子牛是指断奶之后经过一定时期的生长，体重在 300 kg 左右，年龄 1~2 岁，未经肥育，虽有较大骨架但不够屠宰体况的牛，目前多指公牛。对这类牛进行屠宰前 3~5 个月短期肥育叫架子牛肥育。所需饲养期短，周转快，比较经济，是目前我国肉牛肥育的主要形式。肥育的具体方法多采用易地育肥。肥育原理是利用肉牛的补偿生长特点。

犊牛断奶后，到肥育前的 8~10 个月甚至更长时间的生长期，叫"吊架子"期。吊架子期牛对粗饲料的利用率较高，主要是保证骨骼正常发育，饲养以降低成本为主要目标，不追求高速生长，日增重维持在 0.5 kg 即可。

一、架子牛的选购

牛肥育前的状况与肥育速度及牛肉品质关系很大，是确保肥育效率的首要环节。育肥牛在品种、年龄、性别、体重、体型外貌和健康方面均有较强的选择性。

1. 品种选择

应选择肉用牛的杂种，如夏洛来、利木赞、西门塔尔、海福特、皮埃蒙特、南德温牛等与本地牛的杂交后代，或我国育成的肉用品种夏南牛、延黄牛、秦川牛、晋南牛、南阳牛、鲁西牛、延边牛等地方良种黄牛。这类牛增重快，瘦肉多，脂肪少，饲料转化率高。

2. 年龄和体重选择

架子牛肥育一般可选择 14~18 月龄的杂种牛或 18~24 月龄的良种黄牛，活重在 300 kg 以上。这个阶段的牛因补偿生长原理增重迅速，生长能力比其他年龄和体重的牛高 25%~50%。

3. 性别选择

性别选择要根据肥育目的和市场而定。公牛生长快，瘦肉率和饲料转化率高，但肉的品质不如去势公牛和母牛。所以，18 月龄前屠宰，宜选择公牛肥育；若是生产一般优质牛肉可在 1 岁去势；生产高档牛肉，则宜选择早去势的公牛。

4. 体型外貌选择

应选择体型大，较瘦，体躯长，胸部深宽，背腰宽平，臀部宽大，头长而宽，口方整齐，四肢强健有力，蹄大，十字部略高于体高，后肢飞节较高，皮肤柔软有弹性，被毛细软密实，角尖凉、角根温，鼻镜干净湿润，眼睛明亮有神，性情温驯的牛。这样的牛健康，采食量大，生长能力强，饲养期短，肥育效果好。

二、营养需要特点

吊架子期，主要是各器官的发育和长骨架，不要求过高的增重，营养应以钙磷等矿物质为重点，配以适当的蛋白质含量，不要求过高能量。

肥育阶段，是要充分利用肉牛补偿生长的特点，促进其肌肉和脂肪的沉积。在保证矿物质需要的前提下，采用高能量和足够的蛋白质营养。供应量要高于当时维持体重的需要和生长的需要。实际饲养时，按照生长肥育牛的饲养标准，根据对日增重的要求和环境因素进行必要调整。要充分利用本地成本低廉、资源丰富、能长期稳定供应的饲料。催肥期 1~20 d 日粮中精料的比例要达到 45%~55%，粗蛋白质水平保持在 12%；21~50 d 日粮精料比例提高到 65%~70%，粗蛋白质水平为 11%；51~90 d 日粮中能量浓度要进一步提高，精料比例还可进一步加大，粗蛋白质含量降至 10%。

三、肥育原则

1. 加强运输管理，减少应激

将分散饲养于农牧户的架子牛，按照肥育牛选择要求选购后，集中运输。运前 2~3 d 每头每天肌注维生素 A 25 万~100 万 IU，运前 2 h 喂饮盐溶液 2 000~3 000 mL，配方为：氯化钠 3.5 g、氯化钾 1.5 g、碳酸氢钠 2.5 g、葡萄糖 20 g，加凉开水至 1 L。装车前还可按每千克体重肌注静松灵 0.2~0.3 mg。运输途中不喂精料，只喂优质禾本科干草、食盐和适量饮水。冬天要注意保温，夏天要注意遮阳。

要合理装载。汽车装载运输，每头牛根据体重大小应占面积为：300 kg 以下 0.7~0.8 m²；300~350 kg 占 1.0~1.0 m²；400 kg 占 1.2 m²；500 kg 占 1.3~1.5 m²。火车运输时，180 kg 占 0.7~0.75 m²；230 kg 占 0.85~0.9 m²；270 kg 占 1.0~1.1 m²；320 kg 占 1.1~1.2 m²；360 kg 占 1.2~1.3 m²；410 kg 占 1.3~1.4 m²；500 kg 占 1.4~1.5 m²。

2. 健 胃

肥育前必须进行健胃，一般在驱虫 3d 后用健胃散健胃。先用大黄苏打片 50~80 片/次，2 次/d，连用 2~3 d，然后用健胃散 250 g/d，2~3 次/d，连用 2~3 d。

3. 注意牛的采食习性，尽量提高采食量

充分利用牛的争食习性，采用群饲方式喂牛。投料采用少给勤添，一次喂饱。牛早晚采食旺盛，要注意多喂，少了容易引起牛争食而顶撞斗架，减少采食量。为达到最大采食量，要注意夜饲。

4. 坚持"四定""一保"

整个肥育期要坚持定时上下槽、分阶段定精粗料比例、定牛位、定时刷拭。保证充足饮水。

5. 限制运动

小围栏或拴系饲养，缰绳长度 50~60 cm，以减少牛的活动量，降低维持损耗，提高肥育效果。

6. 及时出栏

经 3~4 个月肥育，体重 450 kg 以上，要及时出栏。若继续饲养，增重速度减慢，经济效益降低。

四、快速肥育方法

1. 新购架子牛的饲养

长途运输的新到架子牛，首先更换缰绳，消毒牛体，然后提供清洁饮水（第一次限制为 15~20 kg，切忌暴饮，第二次间隔 3~4 h，水中掺些麦麸，第三次可自由饮水）。注射维生素 A 并口服盐溶液 2~3 L。休息 2 h 后分群，饲喂粗饲料，最好是禾本科长干草，其次为玉米或高粱青贮，不可饲喂苜蓿干草或苜蓿青贮，以防引起运输热。一日 2 次，每次采食 1 h。逐渐增加喂量，4~5 d 后才能自由采食。混合精料由少到多，逐渐增加。

2. 分阶段肥育

架子牛肥育阶段可采用分段饲养的方法，根据生长发育特点及营养需要，快速肥育一般可分 3 个阶段，肥育期 3~4 个月。

（1）第一阶段（20~30 d）：主要是让牛适应过渡，熟悉肥育饲料和环境，进行驱虫健胃，锻炼采食精料的能力，尽快使精、粗料比例达到 40∶60，日粮粗蛋白质 12%。精料配方可参考：玉米 45%、麸皮 40%、饼类 10%、石粉 2%、尿素 2%、食盐 1%，每千克精料加 2 粒鱼肝油。日采食干物质 7 kg，日增重一般可达 0.8~1 kg。

（2）第二阶段（50~60 d）：牛完全适应各方面的条件，采食量增加，增重速度很快。日采食饲料干物质 8~9 kg，精、粗料比为 60∶40，日粮粗蛋白质水平 11%。精料配方可参考：玉米 59%、饼类 26%、麦麸 10%、食盐 1%、碳酸氢钠 1.5%、石粉 2.5%，每头每天 100 g 预混料。日增重达 1.3 kg 左右。

（3）第三阶段（20~30 d）：增加饲喂次数，使干物质采食量达 10 kg，精、粗料比为 70∶30，日粮粗蛋白质水平为 10%。此期主要是增加脂肪沉积数量，改善肉的品质。精料组成中，可增加大麦喂量，配方可参考：玉米 65%、大麦 20%、饼类 10%、麦麸 5%，日喂食盐 30 g、100 g 预混料。日增重达 1.5 kg 左右。

整个肥育过程中，粗饲料可根据当地资源选用，如以玉米青贮为主，或以酒糟为主，或以其他氨化秸秆为主。精料也应因地制宜，日粮配方可按肉牛饲养标准配制。在喂高精料日粮时，为防止酸中毒，提高增重效果，每头每天可添加 3~5 g 商品瘤胃素（即莫能霉素，每克商品瘤胃素含纯品 60 mg）或精料量 1%~2% 的碳酸氢钠。

3. 饲喂方式

肥育牛的饲喂有限制采食和自由采食。前者是将按照肥育所需营养配制的日粮，每日限定饲喂时间、次数和给量，一般每天饲喂 2~3 次；后者是将日粮投入饲槽，昼夜不断，让牛任意采食。

是对围栏自由采食牛和栓系限制采食牛肉用性能的测定结果见表 1.5.8 和表 1.5.9。

表 1.5.8　自由采食和限制采食牛的增重比较

饲喂方式	头数	始重/kg	终重/kg	日增重/g	饲养时间/d
限制采食	58	374.1±65.5	433.1±59.2	509±292	123.1±50.5
自由采食	62	317.7±57.3	438.9±38.8	805±340	150.6±39.3

从表 1.5.8 可以看出，自由采食组的平均日增重较限制采食组高 58%（296 g）。

表 1.5.9　自由采食和限制采食肉牛屠宰成绩比较

饲喂方式	头数	宰前重/kg	胴体重/kg	屠宰率/%	净肉重/kg	净肉率/%	骨重/kg
限制采食	14	402.1±30.0	209.2±17.9	52.04±1.89	167.4±15.4	41.63±1.72	30.7±1.98
自由采食	14	409.1±24.1	229.3±19.5	56.05±3.79	183.2±15.6	44.79±2.44	35.6±2.46

从表 1.5.9 可以看出，自由采食组的屠宰率比限制组高 4.01%，净肉率高 3.16%，差异非常显著。因此，有条件的肥育场应实行自由采食的饲喂方式。要做到自由采食，应采用围栏肥育饲养。

除以上技术要领外，要提高架子牛易地肥育的经济效益，还应注意适度规模经营，及时上市屠宰，灵活掌握架子牛和肥牛的买卖差价等。

任务四　老龄牛肥育

老龄牛肥育通常是指役牛、奶牛和肉牛群中淘汰牛的肥育。此类牛一般年龄较大，体况较差，采食及消化能力弱，已基本丧失原有经济价值，不经肥育直接屠宰时产肉率低，肉质差，效益低。经短期集中肥育，不仅可提高屠宰率、产肉量及经济效益，而且可以改善肉的品质和风味。

由于老龄牛早已停止生长发育，所以在肥育过程中，主要是增加脂肪，改善肉的嫩度和风味，故营养供应以能量为主，蛋白质含量不宜过高。饲料组成以碳水化合物含量高的原料为主，用当地价格低廉的粗饲料及糟渣类饲料，适当搭配精料，以达到沉积脂肪、提高增重和屠宰率的目的。

肥育牛最好选择体格较大，前躯开阔，后躯发达，腹部充盈，口唇发达丰满，皮薄的牛。

肥育前进行全面检查,将患消化道疾病、传染病及过老、无齿、采食困难的牛只剔除,这类牛达不到肥育效果。公牛应在肥育前 20 d 去势,母牛可配种使其妊娠,避免发情影响增重。

对于膘情很差的牛,可先复壮,如每日喂米汤 0.5~1.0 kg,连喂 15 d 左右;或用中药黄精 60 g、薏米 60 g、沙参 50 g 共研末掺入饲料中喂服,每日 1 剂,连服 1 周。

肥育初期可饲喂营养较低的饲料,以防发生消化紊乱,待短期适应后逐渐调整日粮配方,达到肥育用日粮。选择易消化、适口性好的饲料原料,要注意饲料的加工调制,要有利于提高采食量和消化率。有放牧条件可先放牧,利用青草使牛复膘,然后再用肥育日粮肥育。

肥育时间以 6~11 月份为宜,在秋末膘情好时出栏,不仅可以多产肉,还可减轻牛只越冬压力。若在冬季,肥育舍温应保持在 10 ℃以上。

肥育期一般为 90 d 左右,也可分 3 个阶段。第一阶段 20 d 左右,要驱虫、健胃,并适应肥育用日粮和环境条件;第二阶段 40~50 d,牛食欲好,增重快,要增加饲喂次数,尽量设法提高其采食量;第三阶段 20~30 d,牛食欲可能有所下降,要少给勤添,提高日粮营养浓度。

老龄牛在肥育期要保证有充足的休息、反刍时间(每天 8 h 以上),要按程序饲养,做到水、草均匀。牛舍要保持清洁、干燥、通风良好。

表 1.5.10 是老龄肥育牛以玉米青贮为主的日粮配方,可供参考。其中玉米青贮必须铡短,节结压碎。精料配方可参考:玉米 72%、棉饼 15%、麦麸 8%、尿素 1%、磷酸氢钙 1%、食盐 1%、添加剂 2%。

表 1.5.10 老龄肥育牛玉米青贮为主的日粮配方(kg)

饲　料	第一阶段	第二阶段	第三阶段
玉米青贮	40	45	40
干　草	4	4	4
麦　秸	4	4	4
混合精料	—	1.5	2
食　盐	0.04	0.04	0.04
无机盐	0.05	0.05	0.05

另外,酒糟、甜菜渣等均是老龄牛肥育的好饲料,适当搭配精料,补喂食盐,日增重均可达 1.0 kg 以上。

任务五　提高肉牛肥育效果的技术措施

一、选好品种

我国专用肉牛品种少,不能满足各地肉牛生产所需,所以肥育牛应主要选择国外优良肉用公牛如夏洛来牛、利木赞牛、皮埃蒙特牛、西门塔尔牛、安格斯牛等与我国地方品种母牛的杂交后代，三元杂交后代效果更好。或者是我国优良的地方品种及相互杂交后代，利用其杂种优势提高肥育的效果。

二、利用公牛肥育

研究表明，公牛的生长速度和饲料转化率明显高于去势公牛，并且胴体瘦肉率高，脂肪少。一般公牛的日增重比去势公牛高 14.4%，饲料利用率高 11.7%，因此 2 岁内出栏的肉牛以不去势为好。

三、注意牛的体形和年龄选择

按照前述架子牛和犊牛选择要求，选好肥育牛。这对提高肥育效果和经济效益非常重要。如选去势牛，以 3~6 月龄早去势的牛为好，这样可减少应激，加速骨骼雌化，出栏时出肉率高，肉质好。若是架子牛肥育，应选 1~2 岁牛进行肥育，这类牛生长快，肉质好，经济效益高。

四、抓住肥育的有利季节

在四季分明的地区，春秋季肥育效果最好，此时气候温和，牛采食量大，生长快。夏季炎热，不利于牛增重，因此肉牛肥育最好错过夏季。在牧区肉牛出栏以秋末为最佳。牛生长发育的适宜温度是 10~21 ℃，低于 5 ℃ 或高于 27 ℃ 对牛的生长发育有严重影响，所以，冬季肥育要注意防寒，夏季要防暑，为肉牛创造良好的生活环境。

五、合理搭配饲料

按照肉牛生长发育的生理阶段，合理确定日粮各营养含量，肌肉生长快的阶段增加蛋白质供应，脂肪生长快的阶段多供应能量，使营养供应与体重和各组织的增长同步。日粮中精料和粗料均应多样化，不仅可提高适口性，也有利于营养互补，提高增重。

六、注意饲料形态和调制

要注意精、粗饲料加工调制。秸秆类饲料喂前应铡短或用揉搓机揉搓成 0.5~1 cm 的丝状，然后氨化处理。青贮原料切成 0.8~1.5 cm 后青贮。精料要压扁或粉碎，饲喂前将所用各类饲料充分拌匀。理想的肥育牛饲料，应当有青贮料或糟渣类饲料，将这类饲料与其他饲料均匀拌成半干半湿状（含水量 40%~50%）效果最好。肥育牛不宜采食干粉状料。

七、精心饲喂和管理

肥育前要驱虫健胃，预防疾病。平时要勤检查，细观察，发现异常及时处理。严禁饲喂发霉变质草料，饮水要卫生。勤刷拭，少运动，圈舍要勤换垫草，勤清粪便，勤消毒，保证肥育安全。饲喂最好采用围栏自由采食，换料时要有过度。保证充足饮水。

八、合理使用营养性增重剂

在肉牛肥育中，应用营养性埋植增重剂，效果明显。有试验报道，在牛耳背皮下埋植 500 mg 赖氨酸埋植剂，结果在 90 d 内平均日增重 1 360 g，比不埋植牛日增重 1 180 g 高 180 g，高出近 15%。

九、调控瘤胃发酵、提高采食量

瘤胃发酵是牛最为突出的消化生理特点和优势，它通过对饲料养分的分解和微生物菌体成分的合成，为牛提供能量、氨基酸和维生素。但发酵本身也会造成养分的损失。因此，瘤胃发酵优化的最终目的是提高发酵的正面效应，降低、改变或消除对牛自身有害及无效的发酵过程。

1. 利用矿物盐缓冲物质稳定瘤胃内环境

肉牛肥育期，采用高精料水平饲养，增加了瘤胃乳酸的形成，pH 下降，不利于瘤胃纤维分解菌的活动，进而会降低采食量。如果使用碳酸氢钠、氧化镁等缓冲物质，能缓冲氢离子而提高纤维分解菌活性，维持瘤胃正常内环境，提高采食量。碳酸氢钠用量为精料量的 1% ~ 2%。

2. 使用有机酸稳定瘤胃内环境

苹果酸等有机酸能刺激反刍动物新月状单胞菌活性，该菌群通过对乳酸的利用来调节瘤胃发酵。

3. 控制饲料养分在瘤胃的降解

通过使用糊化淀粉、过瘤胃蛋白、过瘤胃脂肪等，降低营养物质在瘤胃的降解，可改善牛体葡萄糖营养状况，提高增重速度。

4. 利用离子载体改变瘤胃挥发性酸的比例和减少甲烷产生量

如莫能霉素、沙拉里霉素和盐霉素等可使瘤胃乙酸、丁酸含量下降，丙酸含量提高，同时使甲烷产生量减少，从而提高了日增重和饲料转化率。莫能霉素钠预混剂每头每天 200 ~ 360 mg，休药期 5 d。

📖 复习与思考

（1）肉牛肥育前应做好哪些准备工作？
（2）肉牛肥育常用的方式有哪些？
（3）舍饲肥育时应选择什么样的饲料形态？饲喂时应注意什么？
（4）育肥牛的管理应采用哪些措施？
（5）什么是小白牛肉和小牛肉？
（6）怎样生产小白牛肉和小牛肉？
（7）怎样选购架子牛？
（8）架子牛运输前后如何防止应激？
（9）架子牛肥育各阶段饲养要点是什么？应采用何种方法饲喂？
（10）为提高老龄牛肥育效果，应采取哪些措施？
（11）除本课题所讲的提高肉牛肥育效果的措施外，你还能想到哪些措施能提高肥育效果？
（12）通过哪些措施可调控牛瘤胃发酵，提高采食量和饲料利用效率？

学习情景六 牛场建设与环境控制

项目一 牛场建设

【知识目标】

（1）掌握牛场场址选择的基本要求；
（2）掌握牛场内生活区、管理区及生产区等布局规划的要求；
（3）熟悉奶牛和肉牛牛舍的常见类型的设计及各牛舍基本设施配置。

【技能目标】

（1）正确进行牛场的选址与规划；
（2）能正确配置牛场的设施设备。

良好的环境是实现牛场高效运行的基础条件。对牛场进行科学的设计与建设是实现养牛现代化必不可少的一个重要环节。按照投资少、利用率高、经济适用、便于机械化作业的原则，根据不同生产类型牛的饲养特点和不同地区的自然环境、气候条件，因地制宜地建好牛场，对保持牛体健康、提高牛场养殖效益、保护生态环境都具有重要意义。

任务一 牛场选址与规划建设

一、场址要求

发展牛产业的一个重要条件就是重视和加强牧场的建设和环境管理。所以，在建场时应根据其产业特点、经营形式、饲管方式进行全面考虑。场址选择应遵循的基本原则是：

1. 地形地势

牛场要求地势高燥，地下水位低，平坦，避风向阳，地形开阔整齐，有足够的面积，并有一定的发展余地。若在山区坡地建场，应选择坡度平缓、向南或向东南倾斜处，使之有利阳光照射，通风透光。

2. 饲料饲草的来源

新建牧场必须注意到饲草饲料来源方便。以舍饲为主的农区，要有足够的饲料饲草基地或饲草饲料来源。在北方牧区和南方草山草坡地区要有充足的放牧场地及大面积人工草地。

3. 水源条件好

要有清洁而充足的水源，且取用方便，设备投资少。通常自来水食用安全可靠，但成本较高；井水、泉水等地下水一般水量充足，水质清洁。切忌在严重缺水或水源严重污染地区建场。

4. 土　质

以沙壤土最理想，沙土较适宜，黏土最差。沙壤土土质松软，抗压性和透水性强，导热性小。雨水、尿液不易积聚，有利于畜舍及运动场的清洁卫生，也有利于防止蹄病等的发生。

5. 气候条件

选址时要综合考虑当地的气候因素，如最高最低温度、湿度、年降雨量、主风向、风力等，以选择有利地形地势，合理规划并建造适宜的畜舍，保障牛健康、高产。

6. 社会联系

牛场选址一方面要考虑卫生防疫问题，符合兽医卫生和环境卫生的要求，周边无疫病区，距主要交通要道如公路、铁路应在1 km以上，距化工厂、畜产品加工厂等1 500 m以外。另一方面又要注意交通、供电、通信方便，有利于饲料、产品运输及人员往来，便于对外交流。第三要注意对周边环境的污染问题，要求畜牧场至少距离村庄居民点500~1 000 m的下风处，以防止对人们的生活造成不良影响。

二、场内规划与布局

场址选好后，应根据利于生产、方便生活、便于场内饲养管理、防疫卫生和提高工作效率等原则进行场区整体规划和合理布局。按牧场经营管理功能，可将牛场分为生活区、管理区和生产区（图1.6.1）。

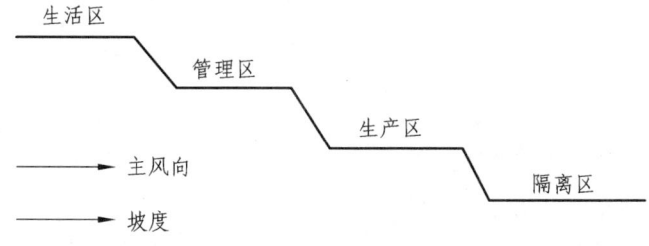

图1.6.1　牛场各功能区布局图

1. 生活区

生活区是职工住宅区，包括住房、水塔、锅炉房等。生活区应建在牧场上风和地势较高地段，以确保生活区的良好环境卫生。

2. 管理区

管理区又叫生产辅助区，包括场部机关及与经营管理有关的建筑物。管理区的经营活动与社会经常发生极密切的联系，因此，该区位置的确定应设在靠近交通干线、靠近场区大门的地方，并与生产区严格分开，保证 50 m 以上距离，外来人员只能在管理区活动，场外运输车辆、牲畜严禁进入生产区。

3. 生产区

生产区是牛场的核心区，一般建在场区下风向，严禁非生产人员及外来人员出入生产区，保证生产区的安全和安静。生产区应有以下设施：

（1）消毒室（池）：在生产区进口处设消毒室和车辆消毒池。出入人员和车辆必须经消毒室或消毒池进行严格消毒后方可进出。

（2）牛舍及运动场：牛舍建在场内中心，各牛舍之间要保持适当距离，布局整齐，以便于防疫和防火；但也要适当集中，以方便管理。牛舍旁设运动场，一般为牛舍面积的 3~4 倍。

（3）饲料库及饲料调制室：饲料库包括草库及精料库等，应离牛舍较近。调制室靠近饲料库，便于运输。

（4）青贮窖：应设在牛舍附近，便于取用。但须注意防止牛舍等处污水流入窖内。

牛场面积大小可根据养牛头数确定。奶牛场：成年母牛平均每头占面积 160~200 m^2，育成牛减半，犊牛为成年牛的 1/5；肉牛场：繁殖母牛按每头 100~160 m^2、肥育牛按每头 30~40 m^2 计算。

4. 隔离区

该区是卫生防疫和环境保护的重点，包括兽医室、隔离牛舍、尸体剖检和处理设施、贮粪场与污水贮存及处理设施等。设在生产区内下风地势较低处，与生产区一般应有 300 米距离。要注意防止病牛、污水、粪尿等废弃物污染环境。

任务二　牛场设施建设

一、牛舍形式与结构

（一）奶牛舍形式

1. 按牛舍屋顶式样不同分类

分为钟楼式、半钟楼式、双坡式和弧形式 4 种（图 1.6.2）。

（1）钟楼式：通风良好，适合于南方地区，但结构比较复杂，耗料多，造价高。

（2）半钟楼式：通风较好，但夏天牛舍北侧较热，结构也复杂。

（3）双坡式：适用于较大跨度的牛舍，加大门窗面积可增强通风换气，冬季关闭门窗有利于保温，造价较低，适用性强，在南北方均较为普遍。

（4）弧形式：采用钢材和彩钢瓦做材料，结构简单，坚固耐用，适用于大跨度的牛舍。

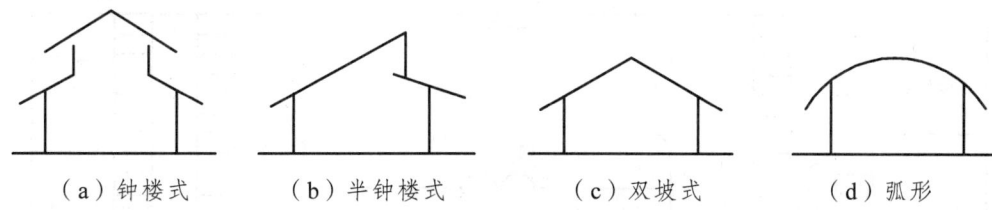

（a）钟楼式　　　（b）半钟楼式　　　（c）双坡式　　　（d）弧形

图 1.6.2　牛舍建筑基本形式

2. 按饲养方式不同分类

分为拴系式和散栏式牛舍两种类型。

（1）拴系式牛舍：主要以牛舍为中心，是一种传统而普遍使用的牛舍。每头牛都有固定的牛床，用颈枷拴住牛只，集奶牛饲喂、休息、挤乳于一牛床上进行。其优点是饲养管理可以做到精细化；缺点是费事、费时，难于实现高度的机械化，劳动生产率较低，关节损伤等也较其他形式多。一般每头牛的牛床面积为 $1.5 \sim 2.0\ m^2$。拴系式牛舍布局如图 1.6.3 所示。

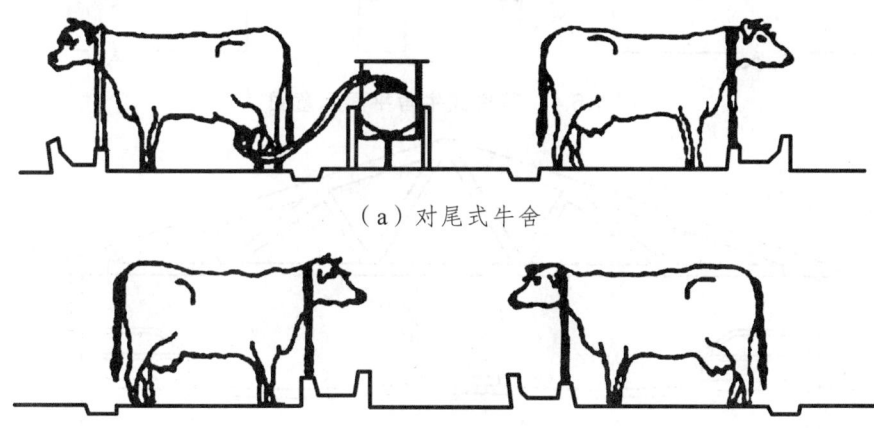

（a）对尾式牛舍

（b）对头式牛舍

图 1.6.3　拴系式牛舍示意图

（2）散栏式牛舍：主要以牛为中心，将奶牛的饲喂、休息、挤奶分设于不同的专门区域进行（图 1.6.4）。奶牛除挤奶外，其余时间不加拴系，任其自由活动（图 1.6.5）。其优点是省工、省时，便于实现高度的机械化，劳动生产率高，牛体受损伤的机会减少；缺点是饲养管理群体化，难于做到个别照顾。又由于共同使用饲槽和饮水设备，故传染疾病的机会较多。目前，国内新建的机械化奶牛场大多采用散栏式饲养，这是现代奶牛业的发展趋势。

散栏式牛舍结构形式有房舍式、棚舍式和荫棚式 3 种。

① 房舍式：适用于气温在 $-18 \sim 26\ ℃$ 的北方地区。

② 棚舍式：适用于气候较温和的地区。其特点是四周无墙，只有屋顶，形如凉棚，通风采光好。在多雨地区饲槽可设在棚舍内，冬季北风大的地区可以在北面或北、东、西三面安装活动板墙或其他挡风装置，在夏季还可以增设如电风扇、喷淋等降温设施。

③ 荫棚式：适用于气候干燥、雨量不多、土质和排水都好、有较大运动场的地区。牛舍只有屋顶荫蔽牛床部位，其余露天。运动场要有 2% 的坡度，以利排水，其面积为 $30\ m^2/$头以上，饲槽设于运动场较高的地段。

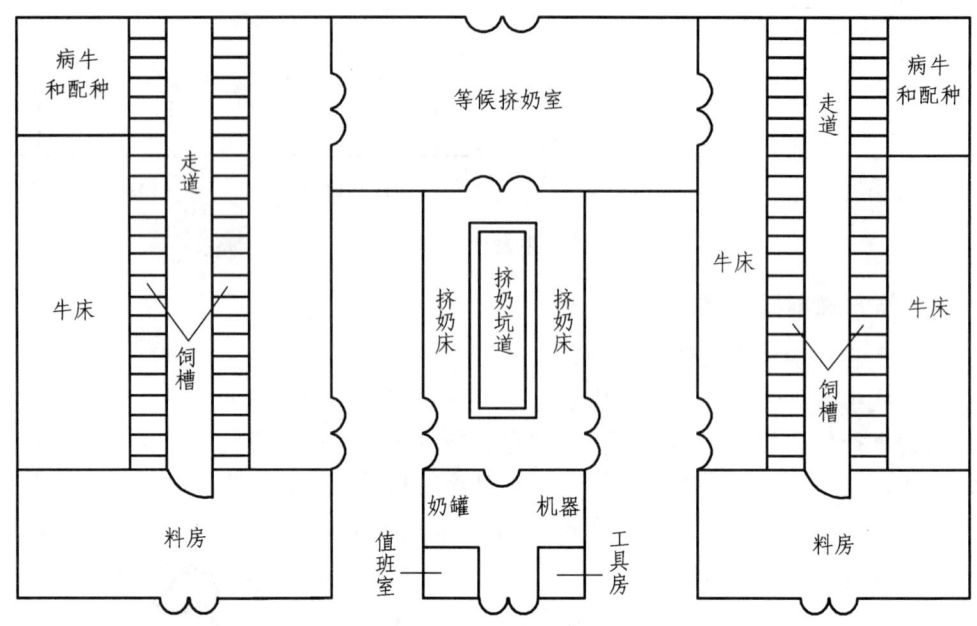

图 1.6.4　散栏式牛舍平面示意图

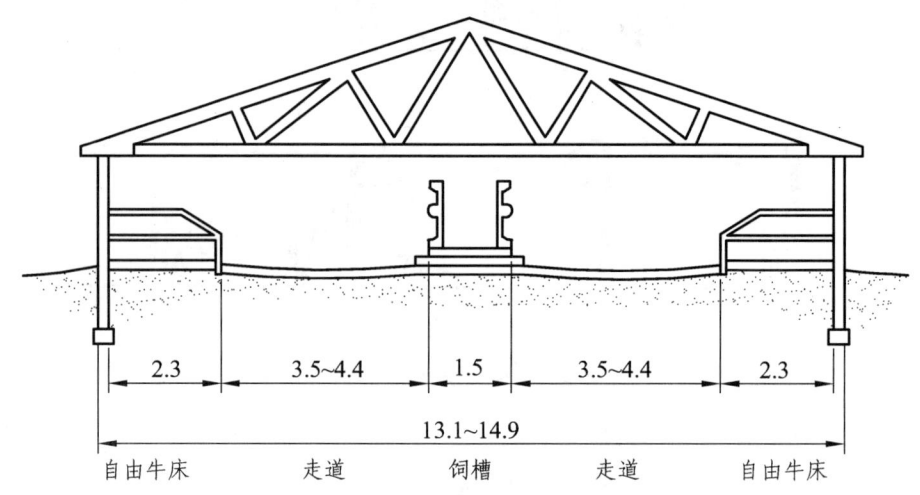

图 1.6.5　散栏式牛舍示意图

3. 按牛群类别不同分类

分为成年奶牛舍、育成牛和青年牛舍、产房和犊牛舍。

（1）成年奶牛舍：成年奶牛舍在奶牛场中的比例最大，是牛场的主要建筑，主要饲养产奶牛。建造标准牛舍，我国已有规范设计。双列式牛舍在我国奶牛业使用最为普遍，其中有对头式和对尾式两种。

（2）育成牛和青年牛舍：育成牛为 6~16 月龄的奶牛，青年牛为 16 月龄后配种受孕到首次分娩前的奶牛。这类牛舍的基本形式同成年牛舍，只是牛床尺寸小，中间走道稍窄。牛舍建造上可采用东、西、北面有墙，南面没有墙或仅有半截墙的敞开式或半敞开式牛舍。

（3）产房和犊牛舍：较大规模的牛场应专建产房。产房的床位数占成年奶牛头数的 10%，床位应大一些，一般宽 1.5~2.0 m、长 2.0~2.1 m，粪沟不宜深，约 8 cm 即可。

一般产房多与初生犊的保育间合建在同一舍内，既有利于初生犊哺饲初乳，又可节省犊牛的防护设施。

（二）肉牛舍

1. 拴系式肉牛舍

目前国内采用舍饲的肉牛舍多为拴系式，尤其高强度肥育肉牛。拴系式饲养占地面积少，节约土地，管理比较精细，牛只活动少，饲料转化率高。内部排列与奶牛舍相似，也分为单列式、双列式（图 1.6.6）和四列式 3 种。双列式跨度 10～12 m、高 2.8～3.0 m，单列式跨度 6.0 m、高 2.8～3.0 m。

最好建成粗糙的防滑水泥地面，向排粪沟方向倾斜 1%。牛床前面设固定水泥槽，饲槽宽 60～70 cm，槽底为 U 字形。排粪沟宽 30～35 cm，深 10～15 cm，并向暗沟倾斜，通向粪池。

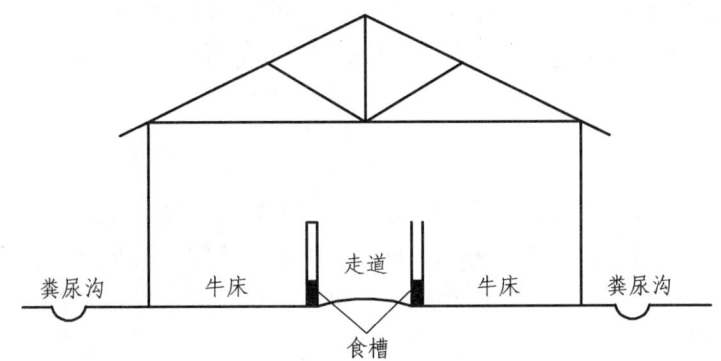

图 1.6.6 双列拴系肉牛舍剖面图

2. 围栏式肉牛舍

围栏式牛舍又叫做无天棚、全露天牛舍。是按牛的头数，以每头繁殖牛 30 m²、幼龄肥育牛 13 m² 的比例加以围栏，将肉牛养在露天的围栏内。栏内一般不设棚舍或仅在采食区和休息区设凉棚。肉牛的这种饲养方式投资少、便于机械化操作，适用于大规模饲养。

（三）牛舍的基本结构要求

1. 牛舍面积

牛场内牛舍及其他房舍的面积为场地总面积的 15%～20%。由于牛的品种、体型大小、生产目的、饲养方式等不同，每头牛占用的牛舍面积也不一样。肥育牛所需面积为 1.6～4.6 m²/头，奶牛为 4.5～5.0 m²/头。

2. 牛舍地面

根据建筑材料不同而分为黏土地、三合土地（石灰、碎石、黏土用量之比为 1:2:4）、石地、砖地、木质地、水泥地面等。为了防滑，水泥地面应做成粗糙磨面或划槽线，线槽坡向着粪尿沟。

3. 墙体

根据墙体的情况，可将牛舍分为开放舍、半开放舍和封闭舍3种类型。封闭式牛舍上有屋顶，四面有墙，并设有门、窗。开放式牛舍与半开放式牛舍三面有墙，一般南面无墙或只有半截墙。

4. 门

一般设成双开门，所有牛舍大门均应向外开，不应设台阶和门槛，以便牛自由出入。成年牛牛舍门宽2.0~2.2 m、门高2.0~2.4 m，每25头牛需有一扇大门。犊牛舍门宽1.5 m、门高2.0~2.2 m。

5. 窗户

窗户主要起到通风、采光，冬季保暖作用。在寒冷地区，北窗应少设，窗户的面积也不宜过大。在温暖的南方地区主要保证夏季通风，可适当多设窗和加大窗户面积，以窗户面积占总墙面积1/3~1/2为宜。窗台距舍内地面1.2 m、窗宽1.2~1.5 m、窗高0.75~0.9 m为宜。

6. 屋顶与天棚

最常用的是双坡式屋顶。这种形式的屋顶可适用于较大跨度的牛舍，可用于各种规模的各类牛群，既经济，又保温，而且容易施工修建。天棚俗称顶棚、天花板，是将牛舍与屋顶下空间隔开的结构。其主要功能在于冬季防止热量大量从屋顶排出舍外，夏季阻止强烈的太阳辐射热传入舍内，同时也有利于通风换气。常用的天棚材料有混凝土板、木板等。牛舍高度（地面至天花板的高度）：北方寒冷地区2.4~2.8 m、南方2.8~3.2 m为宜，屋顶斜面呈45°。

二、牛舍内部设施

1. 牛床

牛床是指每头牛在牛舍中占有的面积。牛床的排列方式，视牛场规模和地形条件而定，可分为单列式、双列式和四列式等。一般牛群20头以下者可采用单列式，20头以上者多采用双列式。在双列式中，有对头式和对尾式两种。一般认为双列对尾式比较理想，这是因为对尾式牛头向窗，有利于通风采光，传染疾病的机会少，挤奶及清理粪便工作比较方便，但饲喂不便。如有集中挤乳处也可采取对头式，牛舍门应在南侧开中门。

牛床应具有保温、不吸水、坚固耐用、易于清洁消毒等特点。牛床的大小取决于牛体大小和拴系方式（表1.6.1）。不宜过短或过长，过短时牛起卧受限，容易引起乳房损伤，发生乳房炎或四肢受损等；过长则粪便容易污染牛床和牛体。宽度取决于牛的体型和是否在牛舍内挤乳，如果在牛舍内挤乳，牛床不宜太窄，否则挤乳员在两头牛中间挤乳操作不便。此外，牛床应有适当的坡度，并高出清粪通道5 cm，以利冲洗和保持干燥，坡度为1.0%~1.5%，不宜太大，以免造成牛的子宫后垂或产后脱出。应采用水泥地面，并在后半部画线防滑。牛床上可铺设垫草或木屑，一方面保持干燥，减少蹄病，另一方面又有益于卫生。

表 1.6.1　牛床长、宽设计参数（cm）

牛群类别	长　度	宽　度
成年奶牛	170～180	110～130
青年牛	160～170	100～110
育成牛	150～160	80
犊　牛	120～150	60

2. 隔　栏

为便于挤乳操作，防止奶牛相互侵占牛床，一般在牛床之间设置由弯曲钢管制成的隔栏。隔栏的长度约为牛床地面长度的 2/3，栏杆高 80 cm，由前向后倾斜。

3. 食　槽

食槽位于牛床前，通常为固定的通长食槽。要求坚固、表面光滑、不透水、耐磨、耐酸、底部为圆弧形，以利于清洗消毒及适应牛用舌采食的习性。槽底高于牛床地面 5～10 cm，如图 1.6.7 所示。一般牛食槽设计参数见表 1.6.2。食槽最好采用水磨石或钢砖建造，前沿设有牛栏杆，端部装有自来水管及水阀，两端设有窗栅的排水器，以防草、渣类堵塞阴井。这种食槽是奶牛场普遍采用的类型。主要缺点是牛挑食造成的饲草料浪费多，造价高。

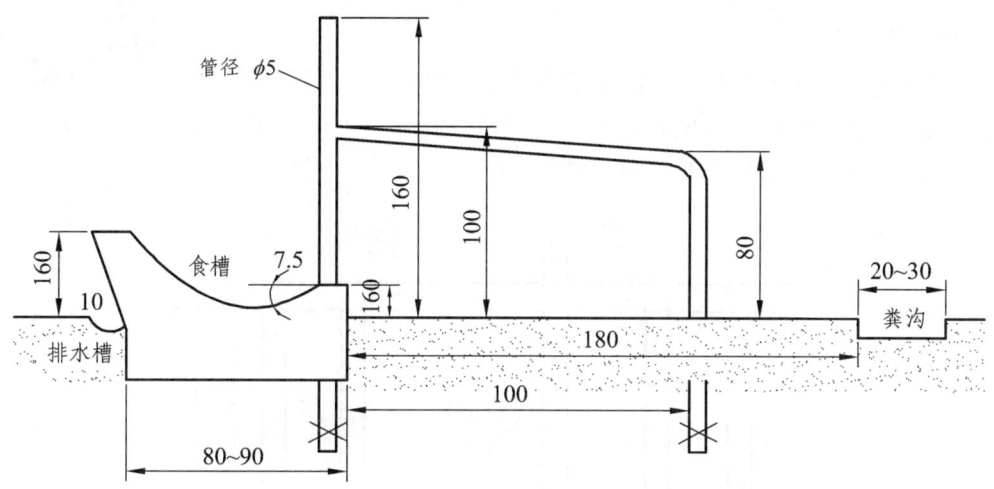

图 1.6.7　牛床栏及食槽侧面示意图（cm）

表 1.6.2　牛食槽设计参数（cm）

食槽种类	槽顶部内宽	槽底部内宽	前高	后高
成年奶牛	60～70	40～50	30～40	60
青年牛	50～60	30～40	25	50～55
育成牛	40～50	30～35	20	40～50
犊　牛	30	25～30	15	30

近年来有较多奶牛场,开始改用地面食槽,即食槽不突出地面,或略低于地面。这种食槽结构简单,造价低廉,清洗容易,饲草料不易浪费。

4. 饮水设备

采用自动饮水设备,清洁卫生,可提高产奶量。一般在两栏之间的食槽旁离地面 0.5 m 处设自动饮水装置,每 2 头牛提供 1 个。

5. 通　道

一般分为饲料通道和清粪通道。饲料通道位于食槽前,用于运送、分发饲料。采用人工喂料时要求饲料通道宽 1.2～1.5 m,机械喂料要求 3.6 m,并高出牛床地面 5～10 cm。清粪通道除了清粪需要外,还是奶牛进出和挤乳员操作的通道,其宽度要满足清粪运输工具及挤乳工具的通行和停放,防止被牛粪等溅污,一般要求 1.6～2.0 m 宽,路面有 1% 的坡度,并要画线防止牛滑倒,高度一般低于牛床。

6. 粪尿沟

在牛床与清粪通道之间设有粪尿沟。粪尿沟通常为明沟,沟宽一般为 30～40 cm,以铁锹能放进沟内为宜,沟深为 5～20 cm,沟底应有 6% 的排水坡度。也可采用深沟,加盖铸铁或水泥漏缝盖板,粪尿通过漏缝落入粪沟里。

7. 颈　枷

其作用是把牛固定在牛床上,便于采食、休息和挤乳,防止因随意乱动使前肢踏入饲槽,后肢倒退入粪尿沟。颈枷要求坚固、轻便、光滑、操作方便。常见颈枷有硬式和软式两种。

（1）硬式颈枷:多采用钢管制成（图 1.6.8）。

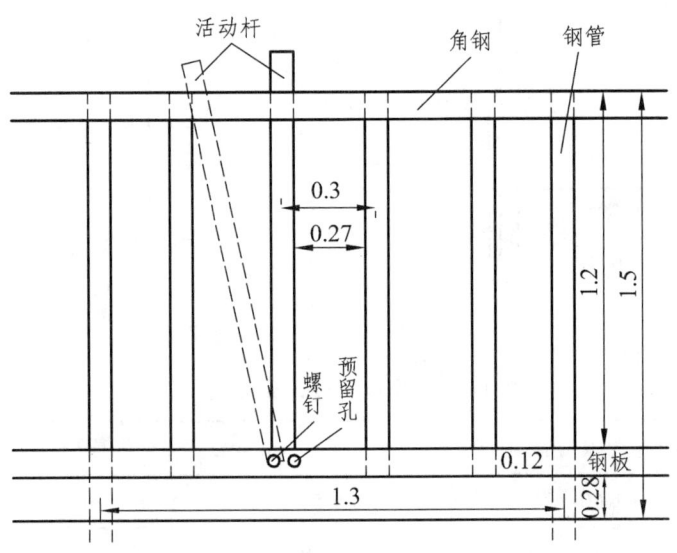

图 1.6.8　硬式颈枷示意图（单位:cm）

（2）软式颈枷:多用铁链构成,主要有直链式和横链式两种形式。

① 直链式:这种颈枷由两条长短不一的铁链构成。长链长 130～150 cm,下端固定在食

槽的前壁上，上端则拴在一条横梁上。短铁链（或皮带）长约 50 cm，两端用 2 个铁环穿在长铁链上，并能沿长铁链上下滑动。使牛有适当的活动余地，采食休息均较方便（图 1.6.9）。

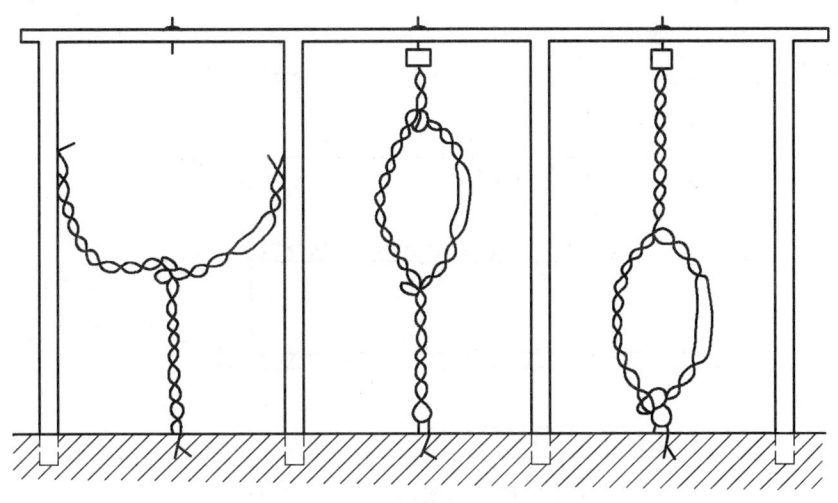

图 1.6.9　直链式颈枷示意图（cm）

② 横链式：也由长短不一的两条铁链组成，为主的是一条横挂着的长链，其两端有滑轮挂在两侧牛栏的立柱上，可自由上下滑动。用另一短链固定在横的长链上套住牛颈，牛只能自如地上下左右活动，而不至于拉长铁链而导致抢食（图 1.6.10）。

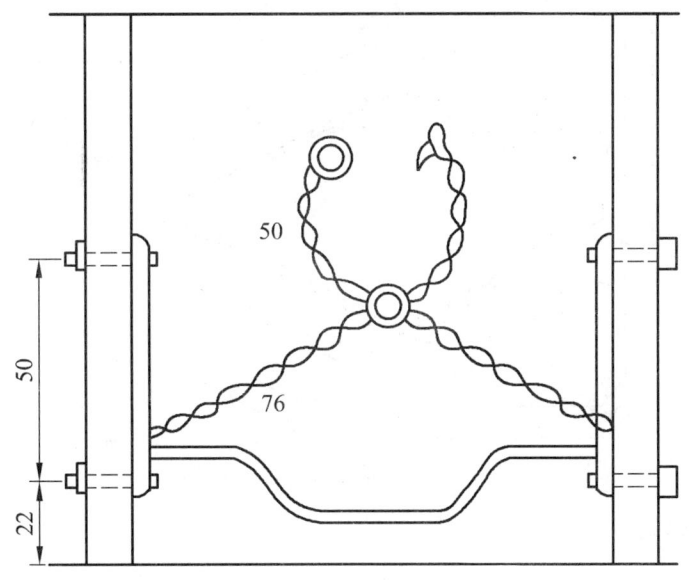

图 1.6.10　横链式颈枷示意图（cm）

三、挤奶间（厅）

挤奶间（厅）是散栏牛舍的主要设施，分固定式和转动式。前者又有直线形和菱形两种类型，后者根据母牛站立的方式则有串联式、鱼骨式和放射形几种类型。

1. 固定式挤奶台

（1）直线形挤奶台（图1.6.11）。将牛赶进挤奶厅内的挤奶台上，成两旁排列，挤奶员站在厅内两列挤奶台中间的地槽内，不必弯腰工作，先完成一边的挤奶工作后，接着进行另一边的挤奶工作。随后，放出已挤完奶的牛，放进一批待挤奶的母牛。此类挤奶设备经济实用，平均每个工时可挤30~50头奶牛。

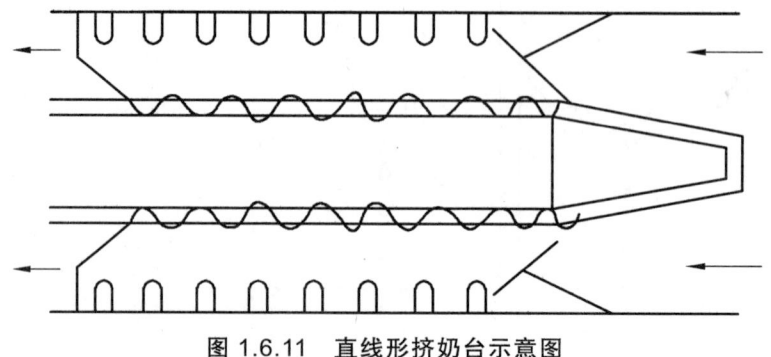

图1.6.11 直线形挤奶台示意图

（2）菱形挤奶台（图1.6.12）。除挤奶台为菱形外，其他结构均与直线形挤奶台相同。挤奶员在一边挤奶台操作时能同时观察其他三边母牛的挤奶情况,工作效率比直线形挤奶台高，一般在中等规模或较大的奶牛场上使用。

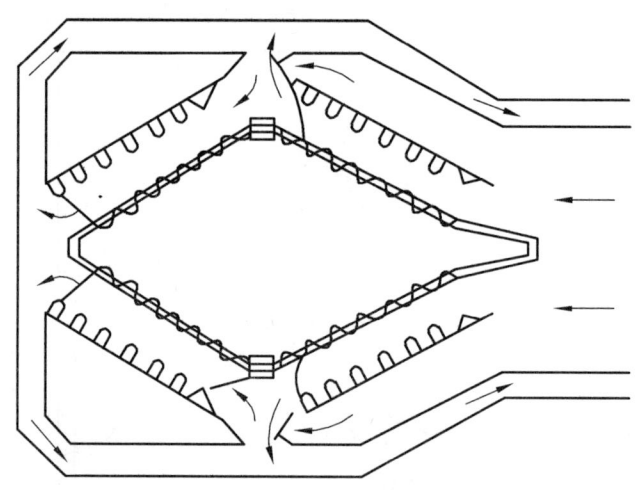

图1.6.12 菱形挤奶台示意图

2. 转动式挤奶台

（1）串联式转盘挤奶台。串联式转盘挤奶台是专为一人操作而设计的小型转盘。转盘上有8个床位，牛的头尾相继串联，牛通过分离栏板进入挤奶台。根据运转的需要，转盘可通过脚踏开关开动或停止（图1.6.13）每个工时可挤70~80头奶牛。

（2）鱼骨式转盘挤奶台。这一类型与串联式转盘挤奶台基本相似，不同的是牛呈斜形排列，似鱼骨形，头向外，挤奶员在转盘中央操作，这样可以充分利用挤奶台的面积。一人操作的转盘有13~15个床位，两人操作则有20~24头牛，配有自动饲喂装置和自动保定装置（图1.6.14）。其优点是机械化程度高，劳动效率高，省劳力，操作方便；缺点是设备造价高。

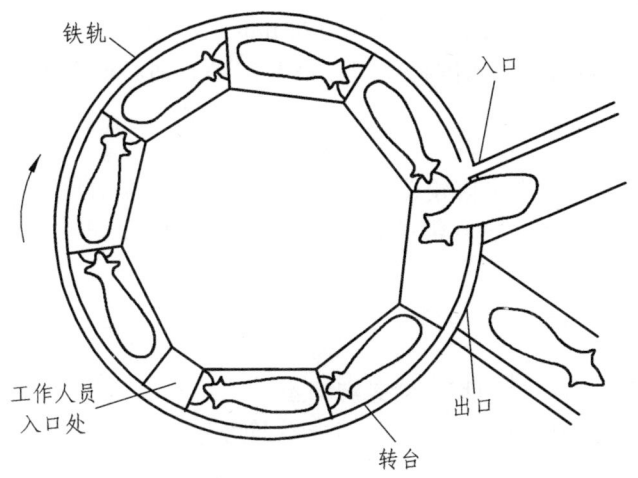

图 1.6.13　串联式转盘挤奶台

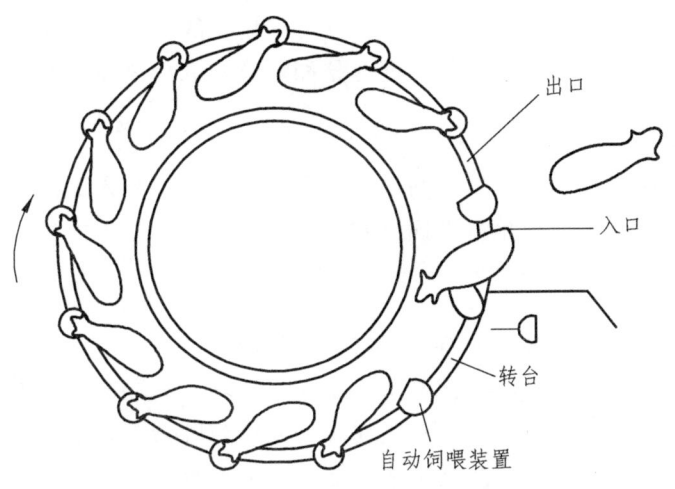

图 1.6.14　鱼骨式转盘挤奶台

四、牛场其他配套设施

1. 运动场和凉棚

奶牛场必须有较宽敞的运动场，一般为牛舍面积的 3~4 倍。运动场地面最好用三合土夯实，也可建造水泥地面。要求平坦且有一定坡度，中央较高、四周稍低，以利排水，周围应设排水沟，便于排除场内积水，保持运动场地干燥、整洁。运动场内应设补饲槽和饮水槽，以便补饲粗饲料和饮水。补饲槽的大小、长度根据牛群大小而定，以免相互争食、争饮而打斗。水槽长可 3~4 m、宽 70 cm，槽底 40 cm，槽高 60~80 cm，槽底向场外开排水孔，以便经常清洗，保持饮水清洁。夏季炎热，运动场应设凉棚，以防夏季烈日曝晒及雨淋，凉棚应建在运动场中央，以砖木、水泥结构为好，棚顶覆盖石棉瓦隔热。一般棚顶净高 3.5 m 或略高一点，凉棚地面应为三合土硬地面，大小按成年奶牛平均每头 4 m² 为宜。

运动场周围应设围栏，宜用钢筋水泥制成方型柱，高 2 m，埋入地下 50 cm，并夯紧埋实水泥抹面,柱间距 2~2.5 m,方型柱之间用Φ120 mm 钢筋相连,上下两根,一根离地 70 cm,另一根离地 1.1 m;培育牛运动场的围栏要用三根Φ20 mm 钢筋相连,以免牛从围栏内跑出。

2. 防疫设施

为了加强防疫,在生产区周围应建造围墙。生产区门卫要有消毒池、消毒间等消毒设施,车辆进入车轮需经消毒池,人员进入需更衣换鞋,脚踩消毒池,并在消毒间经紫外线照射杀菌消毒。

3. 人工授精室

包括采精及输精室、精液处理室、器具洗涤室。采精及输精室应卫生、光线充足;精液处理室的建筑结构应有利于保温隔热,并与消毒室药房分开,以防影响精子的活力。

4. 乳品处理间

奶牛场所生产的牛乳一般需经过初步处理方可出场,故凡有条件的牛场均应建立乳品处理间,至少包括两部分,即乳品的冷却处理部分和贮藏、洗涤及器具消毒部分。

5. 兽医诊断室

兽医诊断室包括化验室、治疗室、药房、值班室。兽医室和人工授精室应建在生产区较中心部位,以便及时了解、发现牛群发病、发情情况。

6. 牛场绿化

绿化设计是整个牛场设计的一部分,对绿化工作应进行统一的规划和布局。场内绿化应把遮阴、改善小气候和美化环境结合起来考虑。在牛舍、运动场四周以种植杨、柳、梧桐之类树干高大、树冠大的落叶乔木为主。这类树木,夏季枝叶繁茂,遮阴面积大;冬季落叶,可有较多的阳光照射运动场地面。牛场的主要道路两旁可种植乔木或与种植松柏、灌木、花草结合起来,这样夏季可以遮阴,冬季松柏常青。此外,还应利用一切可以栽种场地、边角地种植各种常绿灌木花草,以美化环境。

项目二 牛场环境控制

【知识目标】

(1)熟悉牛场废弃物处理技术特点;
(2)掌握牛场粪尿及有害气体的净化方法。

【技能目标】

能对牛场废弃物进行正确的处理。

一、牛场的环境要求

牛场环境一般可分为物理环境、化学环境和生物环境。物理环境是指光、热、空气、水、牛舍、运动场等;化学环境是指奶牛周围空气中及地面上的化学物质,特别是空气中的有害物质;生物环境包括地面上、空气中的微生物、体外寄生虫,以及周围的牛群体等。养牛规模化生产不但需要优质、全价的日粮和科学的饲养管理,还需要适宜的环境条件。

在同一地区,由于受地势、方位、土壤性质、地表状况、距离水面远近等地方因素的影响,形成有别于其他地区的气候,叫做"小气候"。影响小气候的因素很多,对于牛影响最大的是气温、空气湿度、气流速度、光照以及有害气体等。

1. 温 度

牛借助产热和散热进行调节体温。牛通过自身的体温调节,保持最适的体温范围以适应外界环境变化。在一定的温度范围内,牛的代谢作用与体热产生处于最低限度时,这个温度范围称为"等热区"。奶牛的等热区为 10~16 ℃,在等热区内,对奶牛饲养有利。奶牛舍内最适宜的温度如表 1.6.3 所示。

表 1.6.3 奶牛舍内适宜和最高、最低温度(℃)

牛别	最适宜	最低	最高
成年奶牛	9~17	2~6	25~27
犊牛	6~18	4	25~27
产房	15	10~12	25~27
哺乳犊牛	12~15	3~6	25~27

2. 湿 度

空气湿度对奶牛机能的影响,主要通过水分蒸发影响牛体热的散发,一般是湿度越大,体温调节范围越小。在高温或低温时,湿度升高加剧了对奶牛产奶量的影响。高温高湿的环境会影响牛体表水分的蒸发,从而使牛体热不易散发,导致体温升高。低温低湿的环境又会使牛体散发热量过多,引起体温下降。空气湿度在 55%~85% 时,对牛体的直接影响不太显著,但高于 90% 则对奶牛危害较大。所以,奶牛舍内的空气湿度不宜超过 85%。

冬季牛舍应打开排气孔,避免湿度过大。夏季炎热时湿度下降快,应注意保持相应的湿度,有利于避免热应激。

3. 气 流

气流的主要作用是散热。对流散热是借助奶牛身体周围气流的流动来实现的。在一定范围内,对流速度越快,牛体散热越多,在高温或低温情况下,风速对产奶量影响非常明显。

4. 有害气体

养牛规模化生产中,牛舍内有害气体主要来自呼吸、排泄和生产中的有机物分解,主要为氨、二氧化碳和硫化氢等。氨的浓度达到 50 g/m³ 时,对奶牛生产性能有影响。奶牛舍内硫化氢浓度最大允许量不应超过 10 g/m^3，一氧化碳浓度应低于 0.8 g/m^3。硫化氢和一氧化碳浓度过高对奶牛有较大危害，同时也影响人的健康。二氧化碳虽然不会引起奶牛中毒，但二氧化碳浓度能表明奶牛舍空气的污浊程度，所以二氧化碳浓度常作为卫生评定的一项间接指标。

二、牛场废弃物对环境的污染

养牛场产生大量的粪、尿、污水、废弃物、二氧化碳、甲烷等，造成环境污染。

1. 对土壤及水源的污染

在粪尿存放期间，有机质及矿物质都将随粪水渗入土壤内，并进入地下水或随雨水进入地表水。一方面在微生物的作用下，大量消耗水中的溶解氧，严重时有机物进行厌氧分解，产生各种有恶臭物质；另一方面粪尿中大量的有机氮磷营养物质，在分解过程中被矿化为无机态的氮磷物质，造成植物根系的损伤或徒长，或使水中的藻类大量繁殖而造成水质腐败，导致水生生物死亡。

2. 对空气的污染

牛粪尿中含有大量的有机物，排出体外会迅速发酵腐败，产生硫化氢、氨、苯酸等有害物质，污染大气环境。假如饲养 1 000 头奶牛，每天氨排放量达 8 kg 以上。这些物质对人类健康产生不良影响，也会使奶牛的抗病力和生产力降低。国家环保总局已发布《GB 18596—2001 畜禽养殖业污染物排放标准》，并于 2004 年 7 月 1 日实施。

三、牛场废弃物处理技术

1. 机械清除工艺

当粪便与垫草混合或粪尿分离，呈半干状态时，常采用此法，属于干清粪。清粪机械包括人力小推车、地上轨道车、单轨吊罐、牵引刮板、电动或机动铲车等。采用机械清粪时，为使粪便与尿液及生产污水分离，通常在牛舍中设置污水排出系统，液态物经排水系统流入粪水池贮存，而固形物则借助人或机械直接用运载工具运至堆放场。排水系统一般由排尿沟、降口、地下排出管及粪水池组成。

2. 水冲清除工艺

这种方法多在不使用垫草或应用漏缝地面的牛舍。其优点是省工时、效率高；缺点是漏缝地面下不便消毒，不利于疾病防疫，土建工程复杂，投资大、耗水多，粪水贮存、管理工艺复杂，粪水的处理、利用困难，易造成环境污染。此外，采用漏缝地面，水冲清粪易导致舍内空气湿度升高、地面卫生状况恶化，有时出现恶臭、冷风倒灌现象，甚至造成各舍之间空气串通。

四、牛场废弃物的净化利用

1. 生产沼气

利用厌氧细菌（主要是甲烷菌）对牛粪等有机物进行厌氧发酵可产生沼气，在沼气生产过程中，厌氧发酵可杀死病原微生物和寄生虫卵，发酵的残渣又可作肥料。因而生产沼气既能合理利用牛粪，又能防止环境污染。

2. 堆肥发酵

牛粪的发酵处理，即利用各种微生物的活动来分解粪中的有机成分，可以有效地提高这些有机物质的利用率。在发酵过程中形成的特殊理化环境也可基本杀灭粪中的病原体。发酵处理主要有充氧动态发酵、堆肥处理、堆肥药物处理等，其中堆肥处理方法最简单，无需专用设备，处理费用低。

3. 人工湿地处理方法

几乎任何一种水生植物都适用于湿地系统，最常见的有芦苇、香蒲属和草属。水生植物、微生物和基质（土壤或沙砾）是人工湿地的三个关键组成部分。通过微生物与水生植物的共生互利作用，使污水得以净化。人工湿地处理具有投资少和维护保养简单的优点。

4. 固液分离

固液分离是采用机械法（包括搅拌机、污物泵、分离主机、压榨机和清水泵等）将牛粪尿或污水中的固体与液体部分分开，然后分别对分离物质加以利用，是处理牛粪尿及污水的关键环节。它既可以对固态的有机物再生利用，制成肥料或作为食用菌（如蘑菇等）的培养基，又可减少污水中的有机悬浮物等，便于污水的进一步处理和排放。分离后的液体进入活气厌氧发酵池，通过微生物-植物-动物-菌藻的多层生态净化系统，使污水污物得以净化。净化的水达到国家排放标准，可排放到江河或直接回收用于冲刷牛舍。

目前，出于环境与经济的双重考虑，国外尤其是欧洲国家倾向于采用固液分离技术对养牛场废弃物进行处理。

五、牛场有害气体的净化

牛的排泄物、皮肤分泌物、黏附于皮肤的污物、呼出气体以及粪污在堆放过程中有机物腐败分解所产生的大量难闻气体，造成牛场特有的臭味。生产中必须采取措施防止粪便产生臭气或防止臭气散发，减少环境污染。常用方法如下：

1. 吸附或吸收法

通过向粪便或牛舍内投放吸附剂来减少臭味的散发。常见的吸附剂有沸石、膨润土、海泡石、凹凸棒石、蛭石、硅藻土、锯末、薄荷油、蒿属植物、腐殖酸钠、硫酸亚铁、活性炭、泥炭等。其中，沸石类能很好地吸附 NH_4^+ 和水分，抑制 NH_3 的产生和挥发，降低畜舍臭味。

2. 化学除臭法

向牛舍内喷洒一些化学除臭剂，通过化学反应把有味的化合物转化成无味或较少气味的化合物。一些氧化剂除可以减少气味外，还能起到杀菌消毒的作用。常用的化学氧化剂有高锰酸钾、重铬酸钾、硝酸钾、过氧化氢、次氯酸盐和臭氧等，其中高锰酸钾的除臭效果相对较好。

3. 生物除臭法

利用生物除臭剂，控制（抑制或促使）微生物的生长，减少有味气体的产生。常见的生物除臭剂包括生物助长剂和生物抑制剂。生物助长剂利用活的细菌培养基、酶或其他微生物等，加快动物粪便降解过程中有味气体的生物降解过程，减少有味气体的产生。生物抑制剂是通过抑制某些微生物的生长以控制或阻止有机物质的降解，进而控制气味的产生。

4. 洗涤法

洗涤法是让污染气体与含有化学试剂的溶液接触，通过化学反应或吸附作用去除有味气体的方法。洗涤实际上是一种化学氧化方法，洗涤效果取决于氧化剂的浓度及种类、气体的黏度和可溶性、雾滴大小和速度等。常见的洗涤方式有喷雾洗涤和叠板式洗涤两种。前者的洗涤液被雾化成许多微小的雾滴，雾滴喷洒到被污染的空气中，将带有气味的化合物氧化而除去；后者是一个叠放在一起的铝（钢）板，洗涤液流过铝（钢）板表面时会形成薄薄的一层水膜，有味气体从底部向上通过水膜表面时即被氧化吸收。

5. 场界植林带

在养殖场的周围种植绿色植被，可以降低风速，防止气味传到更远的距离，减少臭气污染的范围。防护林还可降低环境温度，减少气味的产生或挥发。树叶可直接吸收、过滤含有气味的气体或尘粒，从而减轻空气中的气味。树木通过光合作用吸收空气中的 CO_2，释放出 O_2，可明显降低空气中 CO_2 浓度，改善空气质量。

📖 复习与思考

（1）牛场场址的选择需要满足哪些条件？
（2）如何进行牛场内的规划布局？
（3）牛场废弃物有哪些？
（4）如何对牛场废弃物进行无害化处理？

学习情景七 牛场经营管理

【知识目标】

（1）了解牛场工种劳动定额的要求；
（2）了解牛场牛群周转计划的编制方法。

【技能目标】

会制订牛群饲料供应计划。

经营管理是养牛生产的重要组成部分，经营是养牛生产企业根据国家政策，面对市场的需要以及内、外部环境条件，确定生产方向和经营总目标，合理确定企业的产、供、销活动，以最少的投入获取最多的物质产出和最大的经济效益。管理是根据养牛生产的经营总目标，对企业生产总过程的经济活动进行计划、组织、指挥、控制、协调等工作。经营和管理两者有机地结合，才能获得最大的经济效益。因此，养牛生产者，不仅把精力放在生产技术方面，还要抓好企业的经营管理。

任务一 组织、制度管理

一、牛场组织机构的构成

牛场生产企业的组织机构主要实行场长（或经理）负责制。包括场长1人、副场长2人（分管行政与业务）、主任或科长若干人、班组长若干人和质检员若干人等。职能机构包括场部、财务科室、生产部门、质检科、加工车间、销售科及后勤服务部门等。生产部门的生产主要包括乳牛生产、肉牛生产、饲料生产及牛产品加工等。后勤服务部门主要负责生产、生活方面的物质供应、管理、维修等，销售科主要负责主、副产品的销售与市场信息的反馈；质检科主要包括所有技术人员如畜牧兽医师、饲料分析与检测人员、肉品检测人员等若干人。

对规模较小的养牛场或养牛专业户，在管理机构设置上不可能配备各种专职人员，但各项工作必须有人（兼）分工和管理，以保证养牛生产的正常进行。

二、养牛生产责任制

建立健全养牛生产责任制，是加强牛场（群）经营管理，提高生产管理水平，调动职工生产积极性的有效措施，是办好牛场的重要环节。建立生产责任制，就是对牛场的各个工种按性质不同，确定需要配备的人数和每个饲养管理人员的生产任务，做到分工明确，责任分明，奖惩兑现，达到充分合理地利用劳力、物力，不断提高劳动生产率的目的。

（1）每个饲养管理人员担负的工作必须与其技术水平、体力状况相适应，并保持相对稳定，以便逐步走向专业化。

（2）工作定额要合理，做到责、权、利相结合，贯彻按劳分配原则，完成任务好坏与个人经济利益直接挂钩。

（3）每工种、饲管人员的职责要分明，同时也要注意各工种彼此间的密切联系和相互配合。

牛场生产责任制的形式可因地制宜，可以承包到人、到户、到组，实行大包干；也可以实行定额管理，超产奖励。如"五定一奖"责任制，一定饲养量，根据牛的种类、产量等，固定每人饲管牛的头数，做到定牛、定栏；二定产量，确定每组牛的产乳、产犊、犊牛成活率、后备牛增重指标；三定饲料，确定每组牛的饲料供应定额；四定肥料，确定每组牛垫草和积肥数量；五定报酬，根据饲养量、劳动强度和完成包产指标，确定合理的劳动报酬，超产奖励和减产赔偿。一奖，超产重奖。实践证明，在牛场特别是种畜场，推行超额奖励制优于承包责任制。

三、牛场的规章制度

养牛场常见的规章制度一般有以下几种：一是岗位责任制度，每个工作人员都明确其职责范围，有利于生产任务的完成；二是建立分级管理、分级核算的经济体制，充分发挥各级组织特别是基层班组的主动性，有利于增产节约，降低生产成本；三是制订简明的养牛生产技术操作规程，保证各项工作有章可循，有利于互相监督，检查评比；四是建立奖励制度，赏罚分明。这里应强调的是养牛生产技术操作规程是核心。

（一）养牛生产技术操作规程

（1）种公牛的饲养管理操作规程：包括种公牛饲养、管理特点，公牛的调教、运动，采精时间、次数，精液的检查、稀释、冷冻保存、运输以及输精时间、方法及注意事项等。

（2）乳牛饲养管理操作规程：包括日粮配方、饲喂方法和次数，挤乳及乳房按摩，挤乳工具的消毒处理，干乳方法和干乳牛的饲养管理及乳牛产前产后护理等。

（3）犊牛及育成牛的饲养管理操作规程：包括初生犊牛的处理，初乳哺饮的时间和方法，哺乳量与哺乳期，青、粗饲料的给量，称重与运动，分群管理，不同阶段育成牛的饲养管理特点及初配年龄等。

（4）牛乳处理室的操作规程：包括牛乳的消毒、冷却、保存与用具的刷洗和消毒等。

（5）饲料室的操作规程：包括各种饲料粉碎加工的要求，饲料中异物的清除，饲料质量的检测，配合、分发饲料方法，饲料供应及保管等。

（6）防疫卫生的操作规程：包括预防、检疫报告制度、定期消毒和清洁卫生等工作。

（二）牛场主要技术岗位职责

1. 牛场场长（经理）主要职责

（1）制订牛场的基本管理制度，参与并协助债权人决定牛场的经营计划、市场定位及长远发展计划，审查生产基本建设和投资计划，制订牛场的年度预算方案、决算方案、利润分配方案以及弥补亏损方案。

（2）按照本场的自然资源、生产条件以及市场需求情况，组织畜牧技术人员制订全场各项规章制度、技术操作规程、年度生产计划，掌握生产进度，提出增产措施和育种方案。

（3）负责全场员工的任免、调动、升级、奖惩，决定牛场的工资制度和奖励分配形式。

（4）负责召集员工会议，向员工和上级主管汇报工作，并自觉接受员工和上级主管的监督和检查。

（5）订立合同，对外签订经济合同，负责向债权人提供牛场经营情况和财务状况报告。

（6）遵守国家法律、法规和政策，依法纳税，服从国家有关机关的监督管理。

（7）负责检查全场各项规章制度、技术操作规程、生产计划的执行情况，对于违反规章、规程和不符合技术要求的事项有权制止和纠正。

（8）负责制订本场消毒防疫检疫制度和免疫程序，并行使总监督权，对于生产中重大事故，要负责作出结论，并承担应负的责任。在发生传染病时，负责根据有关规定封锁或扑杀病牛。

（9）负责组织技术经验交流、技术培训和科学实验工作。

2. 畜牧技术人员主要职责

（1）根据牛场生产任务和饲料条件，拟订生产计划。

（2）制订各类牛只的更新淘汰、产犊和出售以及牛群周转计划。

（3）按照各项畜牧技术规程，拟定牛的饲料配方和饲喂定额。

（4）制订育种和选种选配方案，组织力量进行牛只（奶牛）体况评分和体型线性评定。

（5）负责牛场的日常畜牧技术操作和牛群生产管理，对生产中出现的畜牧技术事故，要及时报告，并组织相关技术人员及时处理。

（6）配合场长（经理）制订、督促、检查各种生产操作规程和岗位责任制贯彻执行情况。

（7）总结本场的畜牧技术经验，传授科技知识，填写牛群档案和各项技术记录，并进行统计整理。

3. 兽医的职责

（1）负责牛群卫生保健，疾病监控和治疗，贯彻防疫制度，制订药械购置计划。

（2）认真细致地进行疾病诊治，充分利用化验室提供的科学数据，并认真填写病历和有关报表。遇疑难病例及时汇报。

（3）认真贯彻"预防为主"的方针，坚持每天巡视牛群，发现病牛，及时治疗。

（4）组织力量检修牛蹄，监测乳房炎，检查蹄部情况。

（5）普及奶牛卫生保健知识，提高员工素质，开展科研工作，推广应用先进技术。

（6）配合畜牧技术人员，共同做好牛群饲养管理，减少发病率。

（7）严格执行药品存放的管理制度，易燃药品和剧毒药品要严格保管，并严格执行发放规定。

（8）要经常检查库存药品的存放情况，注意药品的有效期，严禁药品过期变质。

4. 育种员的职责

（1）每年末制订翌年的逐月配种繁殖计划，每月末制订下月的逐日配种计划，同时参与制订选配计划。

（2）负责牛只发情鉴定、人工授精（胚胎移植）、妊娠诊断、生殖道疾病和不孕症的防治，以及奶牛进出产房的管理等。

（3）及时填写发情记录、配种记录、妊娠检查记录、流产记录、产犊记录、生殖道疾病治疗记录、繁殖卡片等。按时整理、分析各种繁殖技术资料并及时、如实上报。

（4）经常注意液氮存量，做好奶牛精液（胚胎）的保管和采购工作。

（5）普及奶牛繁殖知识，掌握科技信息，推广先进技术和经验。

5. 饲养员的职责

（1）按照各类牛饲料定额，定时、定量按顺序饲喂，少喂勤添，严格遵守上、下槽时间，让牛吃饱吃好。

（2）熟悉牛只情况，做到高产牛、头胎牛、体况瘦的牛多喂；低产牛、肥胖牛少喂；围产期牛及病牛细心饲喂，不同情况区别对待。

（3）细心观察牛只食欲、精神和粪便情况，发现病情及时报告给兽医，并协助配种员做好牛只发情鉴定。

（4）节约饲料，减少浪费，并根据实际情况，对饲料的配方、定额及饲料质量有权向技术人员提出意见和建议。

（5）每次饲喂前应做好饲槽的清洗卫生，以保证饲料新鲜，提高牛只采食量。

（6）负责牛体、牛舍内清洁卫生，经常刷拭牛体，做好后备牛调教工作。

（7）保管、使用喂料车和工具，节约水电，并做好交接班工作。

6. 挤奶员的职责

（1）挤奶员应熟悉所管的牛只，遵守操作规程，定时按顺序进行挤奶。不得擅自提前或滞后挤奶或提早结束挤奶。

（2）挤奶前应检查挤奶器、挤奶桶、纱布等有关用具是否清洁、齐全，真空泵压力和脉动频率是否符合要求，脉动器声音是否正常等。

（3）做好挤奶卫生工作，并按挤奶操作要求，热敷按摩乳房，检查乳房并在挤奶前将头两把奶挤掉。

（4）发现牛奶异常或乳房异常要及时报告兽医。

（5）含有抗生素的奶以及源于患有乳房炎牛的奶应单独存放，另作处理，不得混入正常奶中。

（6）挤奶机器的清洗及维护。

（7）对奶牛态度要温和，不允许打骂奶牛。

7. 清洁工的职责

（1）负责牛体、牛舍内外清洁工作，做到"三勤"，即勤走、勤看、勤扫。

（2）牛粪以及被玷污的垫草要及时清除，以保持牛体和牛床清洁。

（3）牛床以及粪尿沟内不准堆积牛粪和污水。

（4）及时清除运动场粪尿，以保持清洁、干燥。

（5）注意观察牛只的排泄及分泌物，发现异常及时汇报。

四、牛场主要工种与劳动定额

劳动定额是指在一定生产技术和组织条件下，为生产一定的合格产品或完成一定的工作量，所规定的必要劳动消耗量，是计算产量、成本、劳动生产率等各项经济指标和编制生产成本等项计划的基础依据。牛场应根据不同的劳动作业、每个人的劳动能力和技术熟练程度、机械化及自动化水平等条件，规定适宜的劳动定额。

1. 人工授精员

可繁母牛定额250头。按配种计划适时配种，保证受胎率在95%以上，受胎母牛平均使用精液不超过3粒（支）。

2. 兽 医

定额200～250头。

3. 挤乳工

主要负责挤乳、牛体刷拭工作，部分牛场的挤乳工还要负责精料饲喂。手工挤乳，每人可挤12头泌乳牛；小型机器挤乳，可挤20～25头；管道式机械挤乳，可挤35～45头；挤乳厅机械挤乳，可挤60～80头。

4. 饲养工

成年母牛，每人可管理100～200头；犊牛2月龄断乳，哺乳量300 kg，成活率不低于95%，日增重0.70～0.75 kg，可管理25～30头；断乳后犊牛，可管理35～40头；育成牛，日增重0.75～0.80 kg，14月龄体重达350 kg以上，可管理40～50头；产房饲养员每人可管理（包括挤乳）分娩牛10～12头；种公牛，每人可以管理3～5头；育肥牛，每人可以管理50～70头。

5. 清洁工

负责牛床、牛舍以及周围环境的卫生。可按各类牛120～200头配备1人。

任务二　牛场生产计划

【知识目标】

（1）了解牛场牛群周转计划的编制方法；
（2）掌握乳牛群产乳计划的编制；
（3）掌握牛群饲料供应计划的编制。

【技能目标】

（1）会编制乳牛群产乳计划；
（2）会制订牛群饲料供应计划。

制订养牛场生产计划，便于组织生产，包括配种产犊计划、牛群周转计划、饲料供应计划、产奶产肉计划及市场销售计划等。

一、牛群周转计划

一个牛群，由于犊牛的出生、育成牛的生长发育、成年牛生长阶段的变化以及各类牛的购入、出售、淘汰和死亡等原因，致使牛群结构不断发生变化，在一定时期内，牛群结构的这种变化称为牛群周转。牛群周转计划是牛场的再生产计划，可据此编制饲料、用工、投资、产品产量等计划及为确定年终的牛群结构提供依据。为便于控制牛群的变动范围，落实生产任务，牛场每年年初都应制订牛群周转计划。

在制订牛群周转计划时，首先应确定发展规模，然后安排各类牛的比例，并确定各类牛的数量。不同生产目的的牛场，牛群组成结构也不相同。

1. 编制牛群周转计划应具备的资料

（1）计划年初牛群结构。
（2）根据计划期内的生产任务和牛群扩大再生产要求，确定年末牛群结构。
（3）根据牛群繁殖计划，确定各月母牛分娩头数及产犊数。
（4）确定淘汰牛头数和淘汰日期。奶牛的淘汰率一般为8%~10%，因为奶牛产乳量在第6胎以后逐渐下降，可供生产年限仅10年左右，另外还有5%~10%低产牛需淘汰，即每年的淘汰率为15%~20%。所以，育成母牛一般应占母牛群的20%~30%，这样才能保证补充淘汰的数量。
（5）确定出售犊牛或育成牛的数量和时间。

2. 编制方法和步骤

（1）将年初各类牛的头数分别填入表1.7.1中的1月份"月初"栏中。将计划的各类牛年末应达到的头数（按比例），分别填入12月份"月末"栏内。

（2）按本年配种产犊计划，把各月将要出生的母犊头数（计划产犊头数×50%×成活率）相应填入犊牛的"转入"栏中。

（3）年满6月龄的犊牛应转入育成牛群中，查出上年7~12月份各月所生母犊数，分别填入犊牛1~6月份的"转出"栏中（一般这6个月转出母犊头数之和大约等于1月初母犊的头数）。而本年1~6月份出生的母犊数，分别填入犊牛7~12月份的"转出"栏中。

（4）将各月转出的母犊数对应地填入"转入"栏中。

（5）根据本年配种产犊计划，查出各月份分娩的育成母牛头数，对应填入育成牛"转出"及成年母牛"转入"栏中。

（6）要想使犊牛、育成牛、成年母牛在年末达到相应的指标，就要计划好各类牛的转入、购入、转出、死亡、淘汰等数据，做到有的放矢。例如，计划使犊牛在年末达20头，就应使年初（1月份）头数与全年"增加"头数之和等于全年"减少"头数与年末（12月末）头数之和。对育成牛、成年母牛也是如此要求。从而可以确定本年度各类牛需购入、淘汰的头数及时间。购入、死亡、淘汰月份的分布，应根据市场对鲜乳和种牛的需要及本场饲养管理条件等情况确定。

表1.7.1 _____牛场_____年度牛群周转计划表

月份	犊牛						育成牛						成年母牛					
	月初	增加		减少			月初	增加		减少			月初	增加		减少		
		转入	购入	转出	死亡	淘汰	月末	转入	购入	转出	死亡	淘汰	月末	转入	购入	转出	死亡	淘汰	月末
1																		
2																		
3																		
4																		
5																		
6																		
7																		
8																		
9																		
10																		
11																		
12																		
合计																		

二、配种产犊计划

牛繁殖计划是按预期要求,使母牛适时配种、分娩的一项措施,又是编制牛群周转计划的重要依据。编制配种分娩计划,不能单从自然再生产规律出发,配种多少就分娩多少;而应在全面研究牛群生产规律和经济要求的基础上,搞好选种选配,根据开始繁殖年龄、妊娠期、产犊间隔、生产方向、生产任务、饲料供应、畜舍设备以及饲养管理水平等条件,确定牛只的大批配种分娩时间和头数,才能编制配种分娩计划。母牛的繁殖特点为全年散发性交配和分娩,季节性特点不明显。所谓的按计划控制产犊,就是把母牛分娩的时间放到最适宜产乳季节,有利于提高生产性能。例如,上海牛奶公司各乳牛场控制6、7、8月份母牛产犊分娩率不超过5%,即控制9、10、11月份的配种头数,其目的就是使母牛产犊避开炎热季节。

牛场的配种分娩计划可按表1.7.2和表1.7.3编制。

表1.7.2 配种计划表

牛号	最近产犊日期	胎次	产后日期	已配次数	预定配种日期	预产期

表1.7.3 全群各月份繁殖计划表

月别	1	2	3	4	5	6	…	合计
配种头数								
分娩头数								

三、饲料供应计划

饲料是牛生产的物质基础,养牛场必须每年制订饲料生产和供应计划。制订饲料计划应参考牛群周转计划、各类牛群饲料定额等资料,并需要考虑本地区的气候条件及各季节饲料种类的变化情况。全年饲料总需求量要在计划需要求的基础上增加5%~10%,以留有余地。

根据企业的需求和饲料的供应情况,编制饲料的供应计划见表1.7.4。

表1.7.4 ____饲料供应计划表

来源	青饲料				粗饲料				精饲料				矿物质饲料			
	青贮	青草	块茎类	小计	豆秆	秸秆	副产品	小计	禾谷类	豆类	副产品	小计	钙	磷	钠	小计
自产																
外购																
合计																

各饲料供应计划的具体制订方法如下:

1. 确定平均饲养头数

根据牛群周转计划，确定平均饲养头数。

年平均饲养头数(成年母牛、育成牛、犊牛) = 全年饲养头日数／365

2. 各种饲料需求量

（1）混合精饲料：

成年母牛年基础料需求量(kg) = 年平均饲养头数×3(kg)×365

年产乳料需求量(kg) = 全群总产乳量/3(kg)

育成牛年需求量(kg) = 年平均饲养头数×3(kg)×365

犊牛年需求量(kg) = 年平均饲养头数×1.5(kg)×365

混合精料中的各种饲料供应量，可按混合精料配方中占有的比例计算。例如，成年母牛混合精料的配合比例为：玉米50%、豆饼或豆粕34%、麦麸12%、矿物质饲料3%、添加剂预混料1%，则混合精料中各种饲料供应量为：

玉米供应量 = 混合精料供给量×50%

豆饼供应量 = 混合精料供给量×34%

麦麸供应量 = 混合精料供给量×12%

矿物质供应量 = 混合精料供给量×3%

添加剂供应量 = 混合精料供给量×1%

（2）青贮玉米：

成年母牛年需求量(kg) = 年平均饲养头数×20(kg)×365

育成牛年需求量(kg) = 年平均饲养头数×15(kg)×365

（3）干草：

成年母牛年需求量(kg) = 年平均饲养头数×6(kg)×365

育成牛年需求量(kg) = 年平均饲养头数×4(kg)×365

犊牛年需求量(kg) = 年平均饲养头数×2(kg)×365

（4）矿物质饲料：一般按混合精料量的3%~5%供应。

四、产乳计划

牛的产乳量多少是衡量生产水平的基本指标，也是奶牛场生产的主要产品，因此，做好产乳计划十分重要。

奶牛场牛乳产量的计算是比较复杂的。因为牛乳产量不仅取决于产乳母牛的头数，而且决定于母牛个体的品质、年龄和饲养管理的条件，同时和母牛的产犊时间、泌乳月份也有关系，受多种因素的响。

一般母牛的使用年限为 10 年左右，即母牛一生中可产犊 10 次左右，因此，泌乳期也为 10 个左右。母牛每个泌乳期的泌乳量是有变化的，大体上是随着母牛乳腺发育而增长，一般到第 5 个泌乳期达到高峰；此后随母牛逐渐衰老而下降。当然有些牛因品种和饲养管理条件不同，也有出现推迟或提前的情况（荷斯坦牛第 1~6 胎各胎产乳量的比例依次为 0.77、0.87、0.94、0.98、1.0、1.0）。

母牛在一个泌乳期内的各个月份泌乳量也是不均匀的。一般从母牛产犊后泌乳量逐渐增加，到第 2 个月达到高峰，以后又逐渐下降，直到停乳。这种变化若绘制成坐标图（纵坐标表示泌乳量，横坐标表示泌乳月份）就是一个泌乳期的泌乳曲线。母牛的品质和饲养管理条件不同，其泌乳曲线也不同。泌乳曲线可以看出母牛泌乳期泌乳的规律，作为以后制订产乳量计划的依据，因此，绘制泌乳曲线很有必要。

编制产乳计划时必须掌握以下资料：

一是计划年初泌乳母牛的头数和上年母牛产犊的时间。

二是计划年母牛和后备母牛分娩的头数和时间。

三是各个母牛泌乳期各月的泌乳曲线。

由于乳牛的产乳量受多种因素影响，显然用平均计算法是不够精确的，较精确的方法是按各母牛分别计算，然后汇总全场的产乳量。采用个别计算法时，必须确定每 1 头产乳母牛在计划年内 1 个泌乳期的产乳量，和泌乳期各月的产乳量。在确定某头产乳母牛 1 个泌乳期的产乳量时，是根据该头母牛在上一个泌乳期或以前几个泌乳期的产乳量，和计划年度由于饲养管理条件的改善所可能提高的产乳量等因素综合考虑的。在确定泌乳期各月的产乳量时，是根据该乳牛以前的泌乳曲线，计算出泌乳期各月产乳量的百分比，乘以泌乳期的产乳量所得到的。至于第 1 次产犊的母牛产乳量，可以根据它们母系的产乳量记录及其父系的特征等进行估算。

例如，某一头荷斯坦产乳母牛第 5 个泌乳期的产乳量，根据各种因素考虑，确定为 4 000 kg；由过去泌乳曲线计算的泌乳期各月产乳量的百分比是：第一个月 14%，第二个月 14.8%，以后各月依次为 14.2%、12.8%、11.2%、10%、8.4%、6.0%、5.3%、3.3%。则泌乳期各月的产乳量是：第一个月 560 kg，第二个月 592 kg，以后各月依次为 568 kg、512 kg、448 kg、400 kg、336 kg、240 kg、212 kg、132 kg。若这一母牛在计划年度（第 6 个泌乳期）的 3 月份以前产犊，即以一个泌乳期的产乳量也约为 4 000 kg 计算（第 5、6 泌乳期产乳量相似）。如果该母牛在去年 12 月初产犊，那么在今年只能泌乳 9 个月，则从第 2 个泌乳月算起，9 个月相加就是该母牛在今年的计划产乳量。

但是母牛并不是恰好在月初和月末产犊，而是在某一月的上旬、中旬、下旬中某一天产犊，这时就必须计算每日的产乳量。仍采用上例，若该乳牛在计划年度元月 15 日产犊，该乳牛第一个泌乳月的日产量为 560 kg/30 = 18.7 kg/日。该乳牛在今年元月份的产乳量则是 18.7 × 15 = 280.5 kg。其他时间产犊的牛乳产量照此计算。

根据每单牛分别计算的产乳量汇总起来就是年度产乳量计划，填入计划表即可（表 1.7.5）。

表 1.7.5 ____年____场产乳量计划表

	奶牛编号	1	2	3	4	…	合计
	活重/kg						
上次泌乳期产乳量	305天内产奶量/kg						
	一昼夜最高产奶量/kg						
年产乳计划	泌乳期在哪几个月						
	营养状况						
	最近产犊日期						
	最近交配日期						
	预计分娩日期						
	预计干乳日期						
	一月						
	二月						
	三月						
	…						
	全年计划共产奶量/kg						

五、产肉计划

肉牛饲养场，一般出售育肥活牛，不计算牛肉产量。如果牛场设有屠宰车间，也应根据牛的屠宰率、净肉率预计产肉量。肉牛产肉计划是根据牛群周转计划的幼牛育肥头数、成年淘汰头数、易地育肥时购入的牛数，并预计平均日增重和育肥期限（表1.7.6）。总产肉量可根据表1.7.6中的有关数据，并结合屠宰率和净肉率进一步求出。

表 1.7.6 ____牛场____年产肉计划

组 别	计划年内各月育肥头数								全年总计/头	育肥期/日	平均日增量/kg	平均每活重/kg	活重总计/kg
	1	2	3	4	5	6	7	…					
犊牛育肥													
育成牛育肥													
成年牛育肥													
合计													

任务三　牛的产业化经营

一、牛产业化经营的概念

养牛产业化是以国内外产品市场为导向，以效益为中心，以科技为先导，以经济利益机制为纽带，按市场经济发展的规律和社会化大生产的要求，通过龙头企业或其经济实体或专业协会的组织协调，把单兵作战的场、户组织起来，将分散的饲养、加工、销售企业或养殖户与统一的大市场结合起来，进行必要的专业分工重组，实现资金、技术、人才、物质等生产要素的优化配置，实现养牛产业布局区域化、生产专业化、管理企业化、服务社会化、经营一体化、产品商品化。

二、产业化经营的意义

1. 有利于产品开发，扩大竞争优势

经营体系中的龙头企业，一头连市场，一头连基地和农户，以经济利益相吸引，以合同为纽带，有序地把生产、加工、销售融为一体，资源利用合理，科技含量高，市场份额大，有利于开发名特产品，形成主导产业，克服家庭分散经营在市场竞争中的不利地位。

2. 有利于社会化服务，实现规模经营

全方位的系列化、综合化的服务体系是养牛产业化发展的重要保证。产业化经营体系中的各种服务体系，从维护自身利益出发，向生产者主动提出信息、科技、资金物质等服务，有利于解决畜牧业专业化生产与社会化服务滞后的矛盾，从而促进生产规模的不断扩大。

3. 实现产品增值，获得最大效益

牛的产业化经营，通过产业链的延伸，发展多层次加工、贮藏、运输、销售体系，实现多层次增值，有利于实现产业总体效益最大化。

4. 带动农民致富，促进农村发展

实现牛的产业化生产，使与龙头企业联合的养殖户通过扩大生产，解决大量农村剩余劳动力。同时，通过为农村二、三产业的发展和出口换汇提供大量原料和畜产品，加快农村工业化及小城镇建设的步伐。

三、牛产业化经营模式

1. 企业带动型

以实力较强的企业为"龙头"，与牛生产基地和农户结成紧密的产、加、销一体化生产体系。其主要的和最普遍的联结方式是契约式，签约双方规定责、权、利。企业对基地和农户

具有明确的扶持政策，提供全过程服务，设立产品最低保护价，并保证优先收购。农户按合同规定定时、定量向企业交售优质畜产品，由"龙头"企业加工、出售制成品，这种形式目前在外向型创汇畜牧业中较为流行，各地都有比较普遍的发展。

2. 市场牵动型

以专业市场或专业交易中心为依托，拓宽商品流通渠道，带动区域专业化生产，实行产加销一体化经营。

3. 企业集团型

以牛生产为基地，以加工、销售企业为主体，以综合技术服务为保障，把生产、加工、销售、科研和生产资料供应等环节纳入统一经营体内，成为比较紧密的企业集团。

4. 主导产业带动型

从利用当地资源和开发特色产品入手，逐步扩大经营规模，提高产品档次，组织产业群、产业链，形成区域性主导产业和拳头产品，走产业化之路。

5. 科技推动型

发挥技术优势，为农牧民提供技术服务，推动牛的生产与产品加工配套发展，开拓新的市场领域。

6. 中介组织带动型

中介组织有农民专业合作社、供销社以及各种技术协会、销售协会等。这类组织充分发挥他们在信息、资金、技术、销售等方面的优势，不仅为农民的产、供、销提供各种服务，而且也为加工、销售企业提供服务。同时协会还反映生产者的呼声，保护农民的利益。

四、养牛场的营销管理

搞好牛场的营销，是使生产计划与市场销售有机结合，确保获得最好经济效益的重要环节。必须有专人负责，根据市场需求，调整畜群结构，调整生产计划，最好是做到以销定产（定产品数量和质量），以产促销。

组建牛业集团，开展多种经营和产品深加工，对增加承受市场风险的能力和实现产品增值，是各牛场深化营销管理的方向和有效途径。

📖 复习与思考

（1）简述奶牛场牛群的基本结构。
（2）牛场需要设置哪些岗位？各岗位的劳动定额是什么？
（3）怎样制订牛场的牛群周转计划？
（4）什么是牛产业化经营？
（5）牛产业化经营有哪些主要模式？

学习情景八 牛产品的初加工技术

本学习情景主要讲述牛奶生产质量品质及检测方法,要求学生掌握牛奶的验收方法和贮存方法;牛肉的初加工处理技术和工艺流程,不同部位牛肉的分割方法和简单的加工技术以及畜产品加工的一般流程。

项目一 牛乳制品初加工

【知识目标】

(1)掌握牛乳出入库、制冷、保管的相关知识;
(2)掌握牛乳质检、质量监督的相关知识;
(3)掌握牛乳制品初加工的技术。

【技能目标】

(1)会进行牛乳的质检;
(2)会进行牛乳的初加工操作。

任务一 牛乳品质检测技术理论基础

一、牛乳的组成

牛乳是指从成牛健康母牛的乳房中分泌出来的生理学液体。牛乳是一种组成十分复杂的食品,由于它产自生物体,因此其组成成分也随奶牛的品种、个体、年龄、饲养管理条件以及泌乳期的不同而有所差异。主要品种牛及其乳的主要成分见表 1.8.1。

表 1.8.1 主要品种牛乳的主要成分(%)

品 种	水 分	脂 肪	蛋白质	乳 糖	无机盐	干物质
奶 牛	87.25	3.70	3.60	4.70	0.72	12.75
牦 牛	83.07	5.45	5.24	5.41	0.77	16.91
乳役兼用水牛	85.55	8.00	5.80	4.20	0.75	17.55

1. 水分

水是乳中的主要成分。水在乳中以三种状态存在，即自由态、结合态和结晶态。自由态的水占绝大部分，结合态和结晶态的水占2%~3%。结合态与结晶态的水与自由态的水不同，失去了流动性、溶解性，在100 ℃时不能被蒸发，而且0 ℃时也不能结冰。

2. 乳糖

乳中糖类99.8%以上是乳糖。在自然界乳糖只存在于乳中。乳糖被乳酸菌发酵生成乳酸。乳糖与蛋白质在高温下发生反应产生黑色素导致褐变。在有色人种中，有一部分人体内缺乏乳糖酶，从而不能水解、消化、吸收乳糖，出现"乳糖不耐症"而发生腹痛等疾病。

3. 乳蛋白质

乳中的蛋白质是乳的重要营养成分。其中酪蛋白质占83%，乳清蛋白占16%左右，另外还有少量的脂肪球膜蛋白质。

4. 乳脂肪

尽管乳蛋白质的营养价值比乳脂肪高得多，但在乳业上乳脂肪仍被看作是乳中最有价值的成分。在许多地方，乳及乳制品的价值仍是以乳脂肪的含量为基础的。由于乳脂肪的组成十分复杂，因而它的熔点是一个很宽的范围，一般为5~65 ℃。乳脂肪含有大量的不饱和脂肪酸，易于氧化。

5. 无机盐

乳中含有多种无机盐。乳中的无机盐是以离子形式和未解离的分子形式存在的。对于Na、K、S和Cl而言，几乎都是以离子形式存在于乳中的。一些弱酸盐，如磷酸盐、柠檬酸盐和碳酸盐则以不同的形式分布于乳中，它们的解离程度与乳的酸碱度有关，因而构成了乳的缓冲体系，使乳能够承受一定的加工及环境影响，并保持乳原有的特性。

6. 维生素

乳中含有生命所必需的全部维生素，但量不多。乳中维生素的含量因受外界因素的影响而波动很大，主要受饲料、消化道微生物、饲养管理等条件的影响。乳中维生素的主要种类和含量见表1.8.2：

表1.8.2 乳中维生素的主要种类和含量

种 类	含量/（mg/100 g）	种 类	含量/（mg/100 g）
维生素A	0.02~0.2	维生素B_1	0.03~0.05
维生素D	0.2~0.4	维生素B_2	0.1~0.2
维生素B	0.06~0.42	维生素B_6	0.03~0.15
维生素C	0.5~2.0	泛酸	0.28~0.56

二、牛乳的特性

1. 色泽

正常乳的颜色为乳白色或微黄色。乳的白色是由乳中的胶体物质产生的，微黄色主要来自维生素，因而乳的颜色主要受饲料的影响。

2. 比重

乳的比重是指在 15 ℃ 时单位体积乳的质量。正常乳的比重平均为 1.032。它受乳成分及其含量的影响很大，其中尤以乳脂肪的影响最大。乳的比重是衡量乳质量的一个重要指标。

3. 酸度

乳中含有一定的酸性物质；这些酸性物质和微生物发酵所产生的乳酸一起构成了乳的酸度。正常乳的酸度（pH）为 6.4~6.8。但是由于乳中存在较强的缓冲体系，因此乳的 pH 不能灵敏地度量乳中酸性物质的变化，所以一般不用 pH 来表示乳的酸度，而是用滴定酸度或乳酸百分数来表示。滴酸度是指以酚酞做指示剂，中和 100 mL 乳所用去的 0.1 mol/L 氢氧化钠的体积（单位：mL）。正常乳的滴定酸度在 16~18 之间。

4. 冰点

乳的冰点是指乳结冰时的温度。牛乳的冰点平均为 -0.54 ℃。乳的冰点非常之稳定，受外来因素的影响很小，因此乳的冰点几乎是一个常数。但是在乳中加水后，乳的冰点就会升高，而且升高的幅度与加水的量成比例。一般而言，加水 10%，乳的冰点回升 0.054 ℃。

三、牛乳的质量检验

牛乳的质量不但关系到乳制品质量的高低，而且也反映出牛的品种和饲养管理的好坏。一般对牛乳的质量分级见表 1.8.3。

表 1.8.3　牛乳的质量分级

项目	级别		
	特级	一级	二级
比重（密度）[①]（≥）	1.030	1.029	1.028
脂肪/%（≥）	3.20	3.00	2.80
酸度（≤）	18.00	19.00	20.00
总乳固体/%（≥）	11.70	11.20	10.80
细菌总数/（万个/升）（≤）	50	100	200

注：① 指相对密度，无单位。因畜牧业生产实际中常简称为密度，为使学生在以后的工作中适应、熟悉，故本书沿用"密度"。——编者注

（一）感官鉴定

鲜乳首先要进行感官鉴定，新鲜全脂牛乳正常的色、香、味、形，应符合下列要求：

（1）色泽：乳白色，半透明或不透明。不得有异色，透明度随奶量多少可以有所不同。

（2）香味：有天然的乳脂香味，不得有饲料、鱼腥、葱、蒜等不良乳味。乳的香味与其容量多少、温度高低有关，如抽样量多、温度高则香味浓些，反之则淡些。

（3）味道：正常新鲜的牛乳具有微微的甜味（乳糖的作用）、酸味（乳中天然酸度）、咸味（乳中氯离子的作用）、苦味（乳中部分蛋白质有关）

（4）形态：常温时，正常的新鲜全脂牛乳是一种不黏、无沉淀、呈流动性、均匀一致的溶液，不得呈现黏液或凝块现象。

味道评定方法：取 50～100 mL 牛乳放在水浴内加热到 90 ℃，稍冷即可品尝，不得有异味，或用 10～15 mL 牛乳移至玻璃试管内，放在酒精灯上烧至沸腾，也可评味。

（二）理化检验

常用的理化检验主要是测定比重和测定酸度。

1. 测定比重

目前我国一般采用乳的密度来替代乳的比重。乳的密度是指乳在 20 ℃ 时的质量与同容积的水在 4 ℃ 时的质量之比。正常牛乳的密度为 1.030。

乳密度的测定方法：取干净的 250 mL 玻璃量筒一个，将乳搅匀，沿壁小心注入量筒中，加至量筒的 3/4 容积为止，测定乳的温度，然后把乳密度计轻轻插入量筒中，沉至 1.030 处时放手，待静止后读取液面月牙最高顶面的数值，该数值即为乳在当时温度下的密度。必须把此时的密度换算成标准密度，即当乳的温度比 20 ℃ 每高 1 ℃，密度就加上 0.002；当乳的温度比 20 ℃ 每低 1 ℃，密度就减去 0.002。

密度和比重的换算关系为

$$乳的密度 + 0.002 = 乳的比重$$

当向乳中加水后，乳的密度或比重会降低，根据经验，每加水 10%，乳的密度就降低 0.003。

2. 测定酸度

测定乳的酸度常有三种方法。

（1）滴定酸度：用相应的碱中和鲜乳中的酸性物质，根据碱的用量确定鲜乳的酸度和热稳定性。一般用 0.1 mol/L 氢氧化钠滴定，计算乳的酸度。该法准确。

方法：取 10 mL 乳于三角瓶内，用 20 mL 蒸馏水稀释，加入 0.5% 酒精酚酞溶液 0.5 mL，用 0.1 mol/L 氢氧化钠溶液滴定至微红色为止，把用去的氢氧化钠体积（单位：mL）乘以 10，即为乳的酸度。

（2）酒精试验：在生产中常用酒精试验来代替滴定酸度测定。取一定量（一般为 2 mL）浓度为 68%、70% 或 72% 的中性酒精于试管内，加入等量的牛乳混合振摇，不出现絮片的为合格，出现絮片的为阳性，表示酸度较高（表 1.8.4）。

表 1.8.4　酒精试验

酒精浓度/%	不出现絮片的滴定酸度
68	20 °T 以下
70	19 °T 以下
72	18 °T 以下

（3）煮沸试验（热稳定性试验）：取 2 mL 乳于试管内，置于酒精灯上加热煮沸，如产生絮片或凝固，表示乳的酸度较高（表 1.8.5）。

表 1.8.5　煮沸试验

乳的滴定酸度/°T	凝固情况	乳的滴定酸度/°T	凝固情况
18	煮沸时不凝固	40	63 °C 时凝固
22	煮沸时不凝固	50	40 °C 时凝固
26	煮沸时能凝固	60	22 °C 时自行凝固
30	72 °C 时凝固	65	16 °C 时自行凝固

3. 乳脂肪测定（盖氏法）

量取浓硫酸（比重 1.825）10 mL，注入乳脂瓶中，再取 11 mL 乳加入乳脂瓶内，再加入异戊醇（比重 0.811~0.812）1 mL，塞紧橡皮塞后充分摇动，直至乳凝块溶解，然后将乳脂瓶放入 65~70 °C 的水浴中保温 5 min，调整橡皮塞使脂肪柱恰好位于刻度内，再置于离心机中以 800~1 000 r/min 离心 5 min，取出放入 65 °C 的水浴中保温 5 min 后立即读数时，以脂肪柱的弯月面下限为准，所得读数即为乳脂肪的百分数。

任务二　鲜乳的收纳、贮存与运输

刚挤出的乳无论用于鲜乳饮用还是乳品加工，都需要经过预处理。预处理可以保持牛乳的卫生，防止变质，并可鉴定其是否适于鲜乳供应或制作某些乳产品。鲜乳的预处理主要包括乳的验收与称重、过滤与净化、冷却、贮藏与运输等环节。

一、鲜乳的验收

牛乳在处理和利用前都要经过验收，若有不合格牛乳混进大量牛乳中会造成很大的损失。牛乳的来源不同，检验项目也不同。确知来源可信的牛乳，在检验时只进行感官检验、酒精试验等项目。对来源不定或情况不明的牛乳，应在以上检验项目基础上，补充密度测定、乳脂率测定、防腐剂抽查、酸度滴定及煮沸试验等。

1. 感观检查

依据感官判断牛乳的色泽、气味是否正常。新鲜牛乳应具有牛乳特有的滋味和气味，不得有饲料味、苦味、臭味、霉味、涩味等。色泽应为白色或乳白色，不得呈红色、绿色或显著的黄色。性状上应为均匀无沉淀的流体。当发现牛乳在感观上有异常情况时，应判断可能存在的原因，并做进一步的检验。

2. 酸度测定

用酸度计测定牛乳的酸度。只要牛乳不超过一定酸度即可利用，因此常只测"界限酸度"。界限酸度是指某一用途下作为原料乳的酸度要求的最高限度数值。例如，市场乳酸度一般要求不超过 20 °T，对制造炼乳的原料乳则要求不超过 18 °T，特别是淡炼乳的要求更严格。

3. 乳成分测定

用自动测定仪测定乳脂率、乳蛋白、水分、干物质含量等。该法最为迅速且较可靠，是确定牛乳价格的依据。化工原料三聚氰胺含氮量 66.7%，是一种无特殊气味的白色晶体，添加在原乳或乳制品中，可显著提高原乳和乳制品的蛋白质检测数值。人体长期或反复摄入一定量的三聚氰胺，会对肾与膀胱产生不利影响，损害健康。所以，应改目前采用的检测粗蛋白质为检测氨基酸，以保证检测结果的准确。

4. 杂质度测定

乳罐和乳桶里的乳要仔细地检查杂质度。检查的方法是用一根吸管在乳桶底部取样，用滤纸过滤。如果滤纸上留下可观察到的杂质，证明乳的质量有问题。

除了上述检查外，必要时进行细菌含量的测定及体细胞数测定，以检验乳受污染程度及牛乳房的功能。

5. 乳的称重

牛乳计量多采用直接称重的办法。小规模的多利用磅秤，连桶称重，然后除去桶重即为净重。大规模的收乳则需专用的乳磅或自动秤，在这种计量秤上多附有一个牛乳的过滤筛，即在两层金属网中间夹入数层纱布，当牛乳流入时即可将乳中杂质滤去。

大型乳品厂利用乳槽车运输牛乳，多利用乳泵直接将乳泵入贮乳罐中，在泵乳过程中利用装在输乳管中间的流量计，直接指示出牛乳的数量。

二、鲜乳的过滤和净化

在挤乳和收乳过程中，尤其是手工挤乳，难免要落入一定的尘埃、牛毛、饲料、粪屑及上皮细胞等，这些杂物的混入不仅使牛乳外观不洁，并且带入相当数量的微生物，加速牛乳变质。因此，牛乳加工利用前必须经过过滤与净化。

1. 牛乳的过滤

手工挤乳的奶牛场，通常用 3~4 层消毒纱布过滤，以除去牛乳中的污物和减少细菌数量。

其方法是：挤乳时，将折叠成 3~4 层的消毒纱布，扎盖在乳桶口上，挤出的乳汁通过纱布倒入桶中，起到过滤作用。要求纱布每次过滤乳不得超过 50 kg，每次用后要及时洗净、消毒，干燥后备用。

机器挤乳或乳品加工厂，均采用过滤器过滤或在输乳管道上隔段加装过滤桶进行压力过滤。但压力不宜过大，过滤速度不宜过快。过大的压力会使本来不能通过的杂质通过过滤网进入乳中。过滤桶应按时更换和消毒。

2. 牛乳的净化

现代化的工厂多利用净乳机净乳。基本原理是将牛乳通过高速旋转的离心钵内的离心作用，使乳中较重的杂质因重力关系迅速黏附于钵的四壁，使牛乳得到净化。良好的净乳机不仅能把乳中尘埃除去，还可以将乳中大部分的腺体细胞及细菌除去，因此比一般过滤法优越。净乳机在运转一定时间后，即应停机清除污垢。新型净乳机则可自动排污，连续作业，效率更高。

三、鲜乳的贮存和运输

1. 鲜乳的贮藏

牛乳在贮藏之前必须先冷却，使牛乳的温度降至 4 ℃ 左右再进行贮藏。常用的冷却方法有：水池冷却、流水冷却、冷排冷却、制冷机冷却等。

较小的牛场可采用水池冷却，方法简单易行。较大的牛场或乳品厂常采用片式冷却器冷却。冷源是冰水或冷盐水，冷却器多用不锈钢管制成。牛乳与冷却剂通过逆流热交换作用，短时间内使牛乳温度降至 2~3 ℃。

冷却后的牛乳要尽可能保存在低温处，防止温度升高。牛乳贮存时间越长，需要冷却的温度越低（表 1.8.6）。通常在 4 ℃ 左右保存牛乳，保存时间不应超过 2 昼夜。此外，为了防止牛乳在贮存过程中脂肪上浮，影响牛乳均质性，常在贮乳缸中安装搅拌装置。

表 1.8.6　牛乳冷却温度与贮存时间的关系

乳的保存时间/h	乳应冷却的温度/℃
6~12	10~8
12~18	8~6
18~24	6~5
24~36	5~4
36~48	2~1

2. 鲜乳的运输

牛乳运输不当，往往造成很大损失。所以，牛乳运输要安全快捷，最好用专门运输车（乳槽车）运输。没有乳槽车的可用乳桶分装运输。但要注意以下几点：

（1）防止运输途中乳温升高。尤其是夏季，要安排在晚上运输，避开白天高温时间段。

（2）保持运输容器的清洁。容器在使用前，要严格消毒，桶盖要有橡胶圈，将乳桶确实盖严。

（3）乳桶或乳槽车要装满盖严，防止在运输中牛乳振荡。

（4）尽量缩短运输时间。

项目二　牛肉初加工技术

【知识目标】

（1）了解牛屠宰各工序的操作规程；

（2）掌握牛肉冷加工的技术要求；

（3）掌握牛肉质检、质量监督的有关知识。

【技能目标】

（1）会进行牛肉的质检、质量监督工作；

（2）会进行牛肉出入库、制冷、保管的相关操作。

任务一　牛肉的基础知识

一、牛肉的营养价值

牛肉具有高蛋白、低脂肪，富含多种氨基酸和矿物质元素，消化吸收率高等特点，备受消费者青睐，西方发达国家牛肉的消费已成为肉食消费的主体，欧盟及阿拉伯国家牛肉消费量占世界牛肉消费量的70%~94%，许多国家每年都要进口大量的牛肉。西方受疯牛病影响，对中国多样化的自然育牛深感欢迎，据专家预计至少有10年发展期。同时，中国牛肉价格仅为国际牛肉价格的50%，可见国际市场牛肉需求量巨大。另外，我国肉类消费结构差异较大，国内消费市场呈现扩大之势，随着国内膳食结构的改变，正逐步由单一的猪肉消费向牛肉、羊肉等多元肉类消费结构发展，其中牛肉消费正以15%的速度增长。近年来，牛肉已成为我国肉类消费增长的热点，牛肉市场空间巨大。

牛肉的营养很丰富，蛋白质含量高达近21%，比其他肉食品含量高。脂肪含量较低，牛肉中还富含丰富的肌氨酸、维生素 B_6、维生素 B_{12}、丙氨酸、肉毒碱、蛋白质、亚油酸、锌、镁、钾、铁、钙等营养成分，这些营养成分又是人体不可缺少的，在人体内都有不同作用。这些营养成分，具有增强免疫力和促进新陈代谢的功能，特别是对体力恢复和增强体质有明显疗效。

据有关营养学家鉴定，牛肉是肉类中排行第一的健康食品，营养极其丰富，既是健身的佳肴，又是治病良药。牛肉性味甘温，属温补肉食品，不上火，有补中益气、健脾养胃、强筋健骨、消肿利水等功效，它是健身治病的良药，可治疗慢性腹泻、脱肛、面浮足肿等。病后体弱、血气两亏，常用可以很快恢复健康。此外，牛肝既有治疗营养不良性贫血的作用，又具有卓越的补肝明目的功效。

二、牛肉的结构

牛肉主要由肌肉组织、脂肪组织、结缔组织和骨组织四大部分组成。一般牛胴体中肌肉组织占 57%～62%、脂肪组织占 3%～16%、结缔组织占 9%～12%、骨组织占 17%～29%。

1. 肌肉组织

肌肉组织在组织学上可分为骨骼肌、平滑肌和心肌。肉类加工的主要对象是骨骼肌。牛体上大约有 600 多块肌肉，虽然形态、大小各异，但其基本构造都是肌纤维。肌纤维与肌纤维之间有一层很薄的结缔组织膜（肌内膜）围绕隔开，每 50～150 条肌纤维聚集成束，外包一层结缔组织膜（肌束膜）；许多肌束集结在一起形成肌肉块，外包一层较厚的结缔组织，称为外膜。在肌肉块的两端由内、外肌膜集结而成的束称为腱。分布在肌肉中间的结缔组织起着支架和保护作用，脂肪也沉积其中，使肌肉断面呈现大理石样纹理。

肌纤维是多核细胞，在肌纤维内富含肌红蛋白、肌糖原及无机盐类等成分。肌纤维内的溶酶体含有多种酶，其中能分解蛋白质的组织蛋白酶，对肉的成熟具有重要的意义。

2. 脂肪组织

脂肪组织主要由脂肪细胞构成，脂肪细胞或单个或成群地借助于疏松结缔组织聚集在一起。脂肪细胞中心充满脂肪滴，脂肪细胞越大，里面的脂肪滴比例越大，因而出油率也越高。脂肪在活体组织内起着保护组织器官和提供能量的作用，在肉中脂肪是风味的前体物质之一。

3. 结缔组织

结缔组织由细胞、纤维和无定形的基质组成。其纤维由蛋白质分子聚合而成，可分为胶原纤维、弹性纤维和网状纤维三种。由于三部分组成比例不同，结缔组织可分为疏松结缔组织、致密结缔组织。疏松结缔组织主要分布在皮下、肌间；致密结缔组织主要分布在皮肤真皮层和肌腱等处。结缔组织是肉的次要成分，在动物体内对各器官组织起着支持和连接作用，使肌肉保持一定的弹性和硬度。但它影响肉的硬度，一般结缔组织含量越高，肉越硬。家畜的饲养期越长，其结缔组织中的胶原蛋白分子交联程度越高，肉质就越硬。

4. 骨组织

骨由骨膜、骨质和骨髓构成。骨膜是结缔组织包围在骨骼表面的一层硬膜。骨质根据构造的致密程度分为密质骨和松质骨。骨的外层比较致密坚实，内层较为疏松多孔。按形状，骨又可分为管状骨和扁平骨，管状骨密质层厚，扁平骨密质层薄。在管状骨的管腔内及其他骨的松质层孔隙内充满骨髓。骨髓分红骨髓和黄骨髓，红骨髓含血管、细胞较多，为造血器官；黄骨髓主要是脂类。骨是肉的次要成分，食用价值和商品价值较低。但可以采用超微粉碎将其制成骨泥，加以利用。

三、牛肉的化学成分

牛肉的化学成分主要是指肌肉组织的化学成分，包括水分、蛋白质、脂肪、碳水化合物、含氮浸出物及少量的矿物质和维生素等，其含量随牛的品种、年龄、性别、个体、肥度、饲料及肌肉部位的不同而有差异。

1. 水 分

水分是牛肉中含量最多的成分，占70%~80%。依其存在的形式可分为结合水、不易流动水和自由水三种。结合水是肌肉蛋白质亲水电荷基所吸引的水分子形成一紧密结合的水层。它不易受肌肉蛋白质结构和电荷变化的影响，甚至在施加严重外力条件下，也不改变其与蛋白质分子紧密结合的状态。该水层无溶剂性，冰点很低（-40 ℃），约占总水分的5%。不易流动水是指存在于纤丝、肌原纤维及膜间的水。它不易流动但能溶解盐及其他物质，在-1.5~0 ℃结冰，含量约为总水分的80%。肉的保水性能主要取决于肌肉对此种水的保持能力。自由水是指存在于细胞外间隙中能自由流动的水，约占总水分的15%。

2. 蛋白质

牛肉中的蛋白质占18%~21%，占牛肉固形物的80%。肌肉中的蛋白质按其存在于肌肉组织中位置不同，可分为肌原纤维蛋白质、肌浆蛋白质和肉基质蛋白质三类。

肌原纤维蛋白质占总蛋白质的40%~60%，是构成肌原纤维的蛋白质，因而也称结构蛋白。主要包括肌球蛋白、肌动蛋白、原肌球蛋白和肌钙蛋白等。肌球蛋白是肌肉中最重要的蛋白质，约占肌肉总蛋白的1/3，占肌原纤维蛋白的50%~55%。肌动蛋白约占肌原纤维蛋白的20%，原肌球蛋白占肌原纤维蛋白的4%~5%，肌钙蛋白占肌原纤维蛋白的5%~6%。肌原纤维蛋白质是盐溶性蛋白质，它与肉制品的保水性和黏结性有重要关系。

肌浆蛋白占20%~30%，主要包括肌溶蛋白、肌红蛋白、肌粒蛋白和肌浆酶等。肌浆蛋白是水溶性蛋白，是肉中最容易提取的蛋白质。

肉基质蛋白是指肌肉组织磨碎后，在高浓度的中性盐溶液中充分浸提之后的残渣部分，其中包括肌纤维膜、肌膜、毛细血管等结缔组织。其主要成分是胶原蛋白、弹性蛋白和网状蛋白，是分别构成胶原纤维、弹性纤维和网状纤维的主要成分。胶原蛋白在70~100 ℃下加热易分解形成明胶，也易被酶水解，因而易于消化；弹性蛋白一般加热不分解，因而较难消化；网状蛋白的性质与胶原蛋白相似，但它较耐酸、碱。

3. 脂 肪

牛肉中的脂肪占6%~15%。动物的脂肪可分为蓄积脂肪和组织脂肪。蓄积脂肪包括皮下脂肪、肾周脂肪、大网膜脂肪及肌肉间脂肪等；组织脂肪为肌肉及内脏内的脂肪。牛肉的脂肪约90%为中性脂肪，还有少量的磷脂和固醇脂。牛肉脂肪的脂肪酸有20多种，其中饱和脂肪酸以硬脂酸居多，约占总脂肪酸的41.7%；不饱和脂肪酸以油酸和棕榈酸居多，分别占总脂肪酸的 33.0% 和 18.5%，而亚油酸仅占 2.0%。

4. 浸出物

浸出物是指除蛋白质、盐类、维生素外能溶于水的浸出性物质，包括含氮浸出物和无氮浸出物。含氮浸出物为非蛋白质的含氮物质，如游离氨基酸、磷酸肌酸、核苷酸、肌苷及尿素等。这些物质决定肉的风味，为滋味的主要来源。

无氮浸出物为不含氮的可浸出的有机化合物，包括糖类化合物和有机酸，主要有糖原、葡萄糖、麦芽糖、核糖、糊精、乳酸及少量的甲酸、乙酸、丁酸、延胡索酸等。

5. 维生素

牛肉中主要是水溶性维生素，脂溶性维生素较少，但在肝脏中则含有丰富的脂溶性维生素。如牛肉中维生素 B_1 为 0.07 毫克/100 g、维生素 B_2 为 0.2 mg/100 g、叶酸为 10 mg/100 g、维生素 B_{12} 为 2.0 mg/100 g。肝脏中维生素 A 为 17 000 IL/100 g、维生素 D 为 1.13 μg/100 g。

6. 矿物质

牛肉的矿物质是指牛肉中的一些无机盐，含量约为 1.5%。其中钠为 69 mg/100 g、钾 334 mg/100 g、钙 5 mg/100 g、磷 276 mg/100 g、镁 24.5 mg/100 g、铁 2.3 mg/100 g、铜 0.1 mg/100 g、锌 4.3 mg/100 g。这些矿物质在肉中有的以单独游离状态存在，如钙、镁等，有的以螯合状态存在，如硫、磷等。

四、牛肉的成熟

牛刚屠宰后，骨骼肌肉与活体时同样柔软，经过一段时间放置，牛肉的伸展性消失，变为僵硬状态，这种现象称为死后僵直（尸僵）。此时的牛肉硬度大，加热时不易煮熟，有粗糙感，保水性差，肉汁流失多，缺乏风味，不适宜加工和烹调。如继续贮藏，其僵直情况会缓解，经过自身解僵，牛肉又变得柔软，这个变化过程称为牛肉的成熟，成熟牛肉的硬度降低，保水性增加，风味提高，最适宜加工食用。若成熟牛肉贮存不当，受微生物作用，继续发生分解而变质，称为牛肉的腐败。屠宰后的牛肉在贮藏过程中会发生上述尸僵、成熟和腐败三个连续变化过程，所以在牛肉生产中，应根据其变化规律，控制尸僵，促进成熟，防止腐败。

（一）牛肉的僵直

牛胴体尸僵形成的原因是牛屠宰后，呼吸停止，血液循环也停止，供给肌肉的氧气也就中断，此时肌细胞中的糖原只能经糖的酵解途径生成乳酸，使肌肉 pH 下降，同时三磷酸腺苷合成也减少。三磷酸腺苷的减少和 pH 的下降，使肌质网功能破坏，逐渐失去钙泵作用，并导致肌质网通透性增大，甚至崩解，这样肌质网内储蓄的高浓度钙离子释放到肌浆中，引起肌肉的永久性收缩，最终僵直。

牛胴体尸僵在宰后 10 h 开始，持续 15~24 h。

（二）牛肉的解僵成熟

牛肉死后僵直达到顶点之后，保持一定时间后，又会逐渐变软，解除僵直状态而成熟。成熟的时间因温度而异，牛肉在 0~4 ℃ 需 7~10 d 才能成熟。牛肉在成熟过程中其理化性质要发生变化，如 pH、保水性、嫩度等。

1. pH 变化

刚屠宰后的牛肉 pH 6~7，约经 1 h 开始下降，尸僵时达到最低点 pH 为 5.4~5.6，而后随成熟的进程而慢慢上升。

2. 保水性变化

牛肉的保水性以刚屠宰后的热鲜肉为最好，尸僵期最差，随着成熟的进程，保水性慢慢提高，但保水性只能部分恢复，即使牛肉达到了成熟，其保水性也不可能恢复到热鲜肉状态。

3. 嫩度变化

牛肉的嫩度一般以切断力表示，切断力越小，牛肉的嫩度越好。若将牛肉在 8~10 ℃ 条件下成熟，2 d 内随着成熟的进行，切断力增加，即嫩度下降，而后牛肉的切断力逐渐减少，即嫩度逐渐增加，经 6 d 成熟，其切断力低于热鲜肉。

4. 风味变化

牛肉在成熟过程中，蛋白质受组织蛋白酶作用，使游离氨基酸含量增加，其中增加最多的是谷氨酸、精氨酸、亮氨酸等，这些氨基酸具有增强肉的滋味和香气的作用，所以成熟后的牛肉，风味提高。此外，在成熟过程中，三磷酸腺苷分解产生次黄嘌呤核苷酸（LMP），具有增加鲜味的作用。

任务二　牛肉初加工技术

一、牛的屠宰加工

（一）宰前检疫与管理

牛屠宰前要进行严格的兽医卫生检验，一般要测量体温和视检皮肤、口鼻、蹄、肛门、阴道等部位，确认没有传染病者方可屠宰。

牛在屠宰前 24 h 应停止喂食，绝食期间给足够的清洁饮水，但宰前 2~4 h 应停止喂水。牛在屠宰前还要充分冲洗淋浴，以除去体表的污物。冲洗的水温在 20 ℃ 左右为宜。

（二）牛的屠宰工艺

1. 致　昏

致昏主要有锤击致昏和电麻致昏两种。

（1）锤击致昏法：是将牛绳牢牢系在铁栏上，用铁锤猛击牛前额（左角至右眼，右角至左眼的交叉点），将其击昏。此法必须准确有力，一锤成功，否则就有可能给操作者带来很大危险。

（2）电击致昏法：是用带电金属棒直接与牛体接触，将其击昏。此法操作方便，安全可靠，适宜于较大规模的机械化屠宰厂进行倒挂式屠宰。

2. 放 血

牛被击昏后，应立即进行宰杀放血。宰杀方法有倒挂式和地滚式两种。

（1）倒挂式宰杀法：用钢绳系牢处于昏迷状态牛的右后脚，用提升机提起并转挂到轨道滑轮钩上，滑轮沿轨道前进，将牛运往放血池，进行戳刀放血。在距离胸骨前 15~20 cm 的颈部，以大约 15°角斜刺 20~30 cm 深，切断颈部大血管，并将刀口扩大，立即将刀抽出，使血尽快流出。戳刀时力求稳妥、准确、迅速。

地滚式宰杀法：先选好位置，4 人配合，用绳把牛绊倒，顺势把牛头扭向牛背，捆牢四蹄，松开牛头，即行下刀。放血后，要待牛完全失去知觉才可剥皮。

3. 剥 皮

根据生产规模可分为手工剥皮和机械剥皮两种，在形式上又有倒悬式剥皮和地滚式剥皮（人工屠宰）。手工剥皮适用于生产规模小的屠宰厂，其开剥顺序为：剥前蹄→剥胸→锯胸→剥后腿→剥腹皮→剥头皮→剥背皮。

机械剥皮适用于设备齐全的大型工厂。牛体大多在吊轨上吊挂宰杀剥皮。在剥皮时要先进行手工预剥，其操作顺序为：剥头皮→剥脖头→剥前蹄和前腿→剥后小腿→剥后蹄和后腿→剥小腹皮→剥背皮→劈胸→机械拉皮。

无论何种剥皮方法都应使皮上不带肉和油，肉上不带上皮，在用刀上要不伤皮张，不在肉体上留有刀迹，保证皮、肉完整美观。

4. 去头、前肢、后肢及尾

去头：剥皮后从枕骨与第一颈椎间切断。

去后肢：由胫骨和跗骨间的跗关节处切断。

去前肢：由前臂骨和腕骨间的腕关节处切断

去尾：由尾根部第一、二尾椎间切断。

5. 剖腹去内脏

去内脏也叫出腔，包括开胸、剖腹及取内脏操作等。

开胸：牛的胸骨较硬，可用锯胸机或砍刀劈胸，力求开口整齐。

剖腹取内脏：剖腹操作时，用利刀从鼠蹊部（或肛门部）开始至放血口，沿正中线剖开腹肌，从耻骨前剖开腹腔，随即插入左手，护住胃肠，再用刀小心地割开腹腔，直至胸骨处，撬开耻骨，割离肛门直肠，一并割下膀胱、大小肠和脾胃等，然后用刀锋从放血口伸入，撬开胸骨割除心、肝、肺和气管，最后割除生殖器官和母牛乳房。

6. 劈 半

冲背：从尾椎沿脊椎到颈部垂直切开皮下脂肪，把脊背肉割开、割透。

劈半：用劈半电锯沿脊椎骨正中垂直劈下，将胴体分为两半。也可用劈刀由尾椎左侧下刀，直向下劈，使劈口始终位于椎骨的正中，将牛体分成两半。

7. 胴体整修

整修一般在劈半后进行，主要是把肉体上的毛、血、零星皮块、粪便等污物和肉上的伤痕、斑点及放血刀口周围的血污修割干净，然后对整个胴体进行全面刷洗。经整修后送到冷却间冷却。

二、牛胴体的等级评定指标

1. 大理石花纹

对照大理石花纹等级图片，确定眼肌横切面处大理石花纹的等级。大理石花纹等级共分为七个等级：1级、1.5级、2级、2.5级、3级、3.5级和4级。大理石花纹极丰富为1级，丰富为2级，少量为3级，几乎没有为4级，介于两极之间为0.5级。

大理石花纹与肉的可口性的所有因子几乎都呈正相关，虽然不都是强相关，如风味、多汁性和嫩度。大理石花纹对鲜肉产品的颜色稳定性起关键作用。大理石花纹又是确定胴体等级的关键因子。

2. 生理成熟度

以门齿变化和脊椎骨（主要是最后三根胸椎）横突末端软骨的骨质化程度为依据来判定生理成熟度。生理成熟度分为 A、B、C、D、E 五级。

表 1.8.7　生理成熟度表

生理成熟度	A	B	C	D	E
	24月龄以下	24~36月龄	36~48月龄	48~72月龄	72月龄以上
门齿变化	无或出现第一对永久门齿	出现第二对永久门齿	出现第三对永久门齿	出现第四对永久门齿	永久门齿磨损较重
荐椎	明显分开	开始愈合	愈合，但有轮廓	完全愈合	完全愈合
腰椎	未骨化	一点骨化	部分骨化	近完全骨化	完全骨化
胸椎	未骨化	未骨化	小部分骨化	大部分骨化	完全骨化

成熟度又称"年龄"。因牛肉嫩度直接与其年龄相关。牛长老时其结缔组织由于钙化而发硬，因此，幼嫩胴体才理想。

3. 肉 色

肉色等级按颜色深浅分为9个等级：1A、1B、2、3、4、5、6、7、8，其中肉色以3、4

两级最好。肉色是质量等级评定的参考指标,牛肉的理想色为典型的"樱桃红"。肉色发黑、发污是与牛年龄老化相联系的,肉色发浅多数是青年牛。

4. 脂肪色

脂肪色也是质量等级评定的参考指标,脂肪色也分为9级:1、2、3、4、5、6、7、8、9,其中1、2两级最好。

5. 眼肌面积测定

在 12~13 胸肋间的眼肌横切面处,用眼肌面积板直接测出背最长肌切面的面积(图1.8.1)。

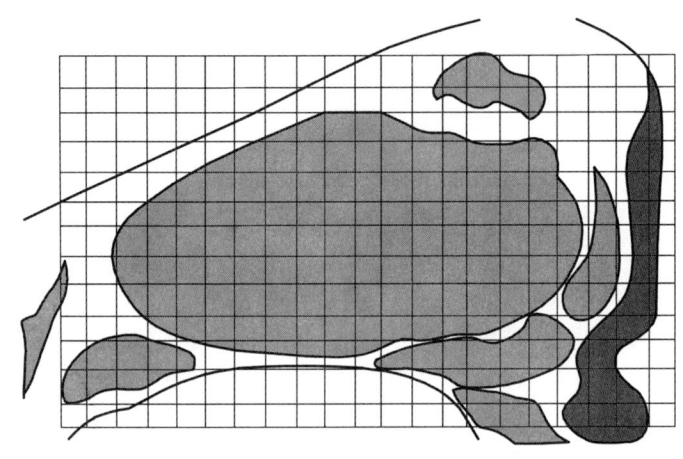

图 1.8.1 眼肌面积测定示意图

6. 背膘厚度测定

在 12~13 胸肋间的眼肌横切面处,从靠近脊柱的一端起,在眼肌长度的3/4处,垂直于外表面测量背膘厚度。

三、牛肉的保鲜

牛肉富含蛋白质、水分,在贮藏、运输和销售过程中微生物极易生长繁殖而使其腐败变质,这不仅导致经济上的损失和环境污染,更严重的是危及人们的健康和生命。为了保证牛肉的安全性、食用性和经济性,许多国家都在不断研究牛肉的保鲜技术。

(一)低温贮藏保鲜

牛肉的腐败变质主要是由酶的催化和微生物的作用引起的。这种作用的强弱与温度密切相关,只要降低牛肉的温度,就可使微生物和酶作用减弱,阻止或延缓牛肉腐败变质的速度,从而达到长期贮藏保鲜的目的。在肉类保鲜技术中,低温贮藏保鲜乃是最实用、最普及、最经济的技术措施。根据贮藏时的低温程度,又可分为冷藏保鲜和冻藏保鲜。

1. 冷藏保鲜

牛肉的冷藏保鲜是先将牛肉冷却到中心温度 0~4 ℃,再在 -1~1 ℃ 的条件下贮藏保鲜。

(1)牛肉的冷却:将屠宰后的牛胴体吊在冷却间的轨道上,胴体间保持约 20 cm 的间隔。冷却间的温度在牛肉进入前为 -1~0.5 ℃,冷却中的标准温度为 0 ℃,冷却中的最高温度为 2~3 ℃。约经 48 h 冷却,使后腿部中心温度达到 0~4 ℃。冷却过程除严格控制温度外,还应控制好湿度和空气流动速度。在冷却开始 1/4 时间内,维持相对湿度 95%~98%,在后期 3/4 时间内,维持相对湿度 90%~95%,临近结束时控制在 90% 左右。空气流速 0.5 m/s,最大不超过 2 m/s。

(2)牛肉的冷藏:牛肉的冷藏室温度为 -1~1 ℃,温度波动不得超过 0.5 ℃,进库的升温不得越过 3 ℃。相对湿度为 85%~90%。冷风流速为 0.1~0.5 m/s。冷藏室的容量标准为牛肉 400 kg/m²。在此条件下,牛肉可贮藏保鲜 4~5 周,小牛肉可贮藏保鲜 1~3 周。

2. 冻藏保鲜

牛肉的冻藏保鲜是先将牛肉在 -23 ℃ 以下进行深度冷冻,使肉中大部分汁液冻结成冰后,再在 -18 ℃ 左右贮藏保鲜。肉的冻结方法根据其冷却介质不同,可分为空气冻结法、间接冻结法和直接接触冻结法三种。空气冻结法是以空气作为冷却介质,其特色是经济方便,但速度较慢;间接冻结法是把牛肉放在制冷剂冷却的板、盘、带或其他冷壁上,使牛肉与冷壁接触而冻结的方法;直接接触冻结法是把牛肉与制冷剂直接接触而冻结,接触方法可采用喷淋法或浸渍法,常用的制冷剂是盐水、干冰和液氯。而牛肉的冻结常采用空气冻结法。

(二)辐射保鲜

肉类辐射保鲜是利用放射性核素发出的 γ 射线,或利用电子加速器产生的电子束,或 X 射线,在一定剂量范围内辐射食品、杀灭微生物,从而达到肉类贮藏保鲜的一种新技术。它与传统的物理、化学方法相比,具有无化学药物残留,不会污染环境,能耗少,不会使肉温升高,不引起肉类色、香、味的重大变化,营养价值不降低,可连续作业、易于实现自动化等优点,因而受到人们的普遍重视。

1. 辐射源

用于肉类辐射保鲜的辐射源主要是放射性同位素 ^{60}Co 和 ^{137}Cs。

2. 辐射剂量

辐射时单位质量的肉类中吸收放射线的能量值称为辐射的吸收剂量。单位为 J/kg,也称为戈瑞(Gy)。国际上根据消灭微生物的程度将其分为三种剂量。

(1)高剂量:10~50 kGy,照射后完全消灭产生芽孢的微生物,达到无菌状态。这种方法称为辐射阿氏杀菌。

(2)中等剂量:1~10 kGy,能够完全杀灭无芽孢的病原微生物,叫辐射巴氏杀菌。

(3)低剂量:1 kGy 以下,能够杀灭部分腐败微生物,延长保藏期,叫辐射耐贮杀菌。10 kGy 被称为"国际安全线",也是肉类辐射剂量的控制上限。肉类使用 10 kGy 以下的剂量进行辐射，不会诱发放射能和有毒物质，不会致癌、致畸，基本保持肉类原有的营养价值，非常安全和卫生。

（三）气调保鲜

气调保鲜是利用调整环境气体成分来延长肉品贮藏寿命和货架期的一种技术。其基本原理是：在一定的封闭体系内，通过各种调节方式得到不同于正常大气组成的调节气体，以此来抑制肉品本身的生理生化作用和抑制微生物的作用。肉质下降是肉自身生理生化作用和微生物作用的结果，这些作用都与氧、二氧化碳有关。在引起肉类腐败的微生物中，大多数是好氧性的，因而用低氧、高二氧化碳的调节气体体系，可以使肉类得到保鲜，延长贮藏期。气调保鲜可分为真空包装保鲜和充气包装保鲜两种。

1. 充气包装保鲜

是将牛肉放入包装容器内，先抽真空，再充入指定组成的气体，再密封，从而使牛肉处于指定气体的环境下贮存的一种技术。它的关键是正确选择气体的组成和包装材料。

2. 真空包装保鲜

是将牛肉装入复合袋内后，用真空包装机抽成真空后密封，使牛肉处于真空状态下贮存保鲜的一种方法。该方法工艺简单，成本也较低。在真空状态下，可以有效地抑制需氧菌的生长繁殖。但由于极端缺氧，肉将呈现还原肌红蛋白的紫褐色。真空包装后的鲜牛肉贮存在 $0 \sim 4\ ℃$ 下，可使其货架期从原来的 $5 \sim 6\ d$ 延长到 $21 \sim 28\ d$。

（四）化学保鲜

化学保鲜是在肉类生产和贮运过程中，使用化学制品来提高肉的贮藏性和尽可能保持它原有品质的一种方法。与其他保鲜方法相比，具有简便而经济的特点。不过只能在有限时间内保持肉的品质，因为所用的化学制剂只能推迟微生物的生长，并不能完全阻止它们的生长。

化学保鲜中所用的化学制剂，必须符合食品添加剂的一般要求，对人体无毒害作用。目前各国使用的防腐剂已超过 50 种，但迄今为止，尚未发现一种完全无毒、经济实用、广谱抑菌并适用于各种食品的理想防腐剂。因此，实际应用时，常作为其他保鲜方法的辅助手段。

第二部分 实验实训

实训一　牛体表各部位的识别及牛的外貌鉴定

【实训目标】

通过训练使学生能准确区分牛体表各部位；掌握牛外貌鉴定的方法。

【训练材料】

活牛若干头。

【方法步骤】

（1）将牛拴在平坦、宽敞、明亮处进行保定。
（2）识别牛头颈部、躯干部、四肢部的主要部位及名称。

【实训报告】

写出所识别的牛体各部位名称及主要特点。

实训二　牛的发情鉴定及输精技术

【实训目标】

掌握母牛发情鉴定和人工输精的操作方法。

【训练材料】

母牛、牛用开膣器、手电筒、液体石蜡（润滑剂）、75%酒精棉球、0.1%高锰酸钾、冻精（颗粒或细管）、长柄镊子、输精器（最好是凯氏输精枪）、2.9%柠檬酸钠溶液、显微镜、载玻片、水浴锅等。

【方法步骤】

（一）母牛的发情鉴定

1. 阴道检查

（1）将母牛外阴部用0.1%高锰酸钾溶液清洗消毒。
（2）翻开阴唇，观察阴道是否充血、肿胀、潮红，是否有黏液。
（3）在开膣器上涂上少许润滑剂，慢慢插入阴道，使阴道开张。
（4）借助光线观察子宫颈是否充血肿胀及子宫颈口开张程度。
（5）观察黏液量、牵缕性、颜色，判断母牛是否发情。

2. 直肠检查

（1）检查人员将手指甲剪短、磨光，手臂清洗消毒或戴上橡胶手套，五指并拢呈锥形，缓慢伸入直肠，掏出宿粪。
（2）再将手伸入直肠，掌心向下轻压肠壁，在骨盆腔底部可触摸到一个长5~10 cm、直径3~4 cm、坚实纵向棒状的子宫颈。沿子宫颈向前摸，即可触摸到一纵向下的沟，即子宫角间沟。
（3）沿子宫角间沟，再向两侧前下方触摸，可摸到绵羊角状的物体，即为两侧子宫角。
（4）沿着子宫角大弯向下稍向外侧，即可触到不很规则的呈扁卵圆形的卵巢。
（5）用食指和中指固定卵巢，大拇指肚触摸卵巢上的卵泡，判断卵泡发育程度，检查完一侧后再检查另一侧卵巢上卵泡发育情况，根据卵泡是否发育、发育大小及弹性等特征判断母牛是否发情及发情阶段。

检查时注意区别卵泡和黄体。卵泡光而圆，触摸时有波动和弹性，与卵巢界限不明显，排卵后卵泡处有不光滑的小凹陷。黄体形状不规则，突出于卵巢表面，与卵巢分界明显，触摸时无弹性，无波动；触摸时用指肚进行，不能用手指乱抓，以免损伤直肠黏膜。母牛努责或肠壁扩张时，应当暂停检查，并用手揉搓、按摩肛门，待肠壁松弛后再继续检查。

3. 抹片镜检

（1）用长柄钳从子宫颈口处取黏液抹片。

（2）抹片后烘干，放在显微镜下检查，根据黏液是否呈现羊齿植物状结晶花纹，判断是否发情。

（二）输精技术

1. 输精准备

（1）清洗、消毒输精器械。

（2）冻精解冻：颗粒冻精解冻时用吸管吸取 2.9% 柠檬酸钠解冻液 2 mL 置于小试管内，再将小试管置 40 ℃ 水浴锅中加温，然后从液氮灌中取出冻精 1~2 粒，放入试管中轻摇直至溶解。细管冻精解冻时从液氮灌中取出一支，放入 38 ℃ 水浴锅中 10 s。

（3）取一滴精液，置于洁净的载玻片上，然后在液面上加盖玻片，在显微镜下检查精子的活力。将检查合格的精液装入输精器。

2. 输 精

（1）开膣器法。清洗消毒母牛的外阴部，预热开膣器（冬季 25~30 ℃），涂抹少量润滑剂。左手拇指和食指将阴唇分开，右手持合拢的开膣器呈侧向，先向上插入阴门，然后再按水平方向插入阴道，转向 90° 使手柄向下。打开开膣器，通过反光镜或手电筒光线找到子宫颈外口。另一手将事先吸有精液的输精器尖端插入子宫颈口内 1~2 cm 深处，徐徐将精液注入。小心取出输精管，将开膣器稍合拢，但不要完全合拢，缓缓从阴道内抽出，防止夹伤阴道壁黏膜。捏母牛背部，以防其拱背使精液倒流。

（2）直肠把握法。用与发情鉴定同样的方法在直肠内摸到子宫并握于手心，切勿握得太靠前而使子宫颈口游离下垂，造成输精器不易对上颈口（图 2.2.1）。与此同时，直肠内的手下压，使阴门开张，另一手持吸有精液的输精器或装有细管的输精枪，自阴门插入。插入时，

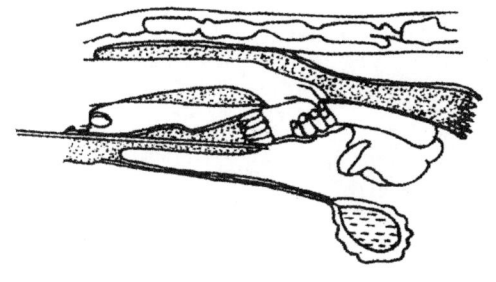 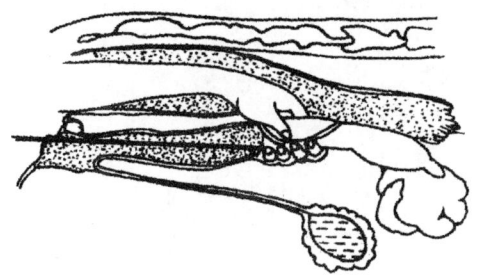

（a）不正确的术式　　　　　　　　　（b）正确的术式

图 2.2.1　牛的直肠把握子宫颈输精法

先向上倾斜插入 5~10 cm，避开尿道口后，再水平插入至子宫颈口处，握子宫颈的手将子宫颈拉向腹腔的方向，使突出于阴道的子宫颈外口缩进，阴道皱褶伸展，依靠两手的协同与配合，将输精器前端插入子宫颈口内，通过 2~3 个较硬的皱褶，然后再向外拉子宫颈使输精器顺利地插入子宫颈的深部 5 cm 左右，随即将精液缓缓注入。抽出输精器，用手顺势对子宫角按摩 1~2 次，但不要挤压子宫角。

输精结束后，消毒输精器。

（3）注意事项。吸取精液或注入精液时动作要慢，切忌反复吸排，以减少对精子的机械性刺激；输精器应事先预热，吸入精液时应与精液等温或温度相近；输精操作中，如遇母牛弓腰强烈努责，应暂停操作，决不能强行输精，可让助手捏母牛腰椎，缓和腰部紧张；输精器插入子宫颈时，动作要轻缓，遇阻力时，不能强行插入；使用玻璃输精器输精时，输精员应随牛的左右摆动而摆动，以免将输精器折断；发现大量精液倒流，应重新输精一次。

【实训报告】

（1）记录母牛发情鉴定的结果，分析母牛发情的特点。
（2）描述直肠把握子宫颈输精法的操作过程，写出操作体会。

实训三　早期妊娠诊断技术

【实训目标】

熟练掌握早期妊娠诊断的常用方法。

【训练材料】

配种后 30～45 d 的母牛、0.1% 高锰酸钾溶液、脸盆、肥皂、毛巾、液体石蜡、长臂手套。

【方法步骤】

1. 外部观察

妊娠母牛周期性发情停止，性情变得安静、温顺、行动迟缓，避免角斗和追逐；放牧或驱赶运动时常落在牛群之后；食欲和饮水增加，膘情改善，毛色有光泽，行动谨慎；妊娠初期外阴部比较干燥，阴唇紧缩，皱纹明显。此法虽然简单，容易掌握，但不能进行早期确诊，只能作为参考。

2. 直肠检查

将牛保定好，用与发情鉴定时直肠检查相同的操作方法将手伸入直肠，触摸子宫角的大小，是否左右对称；有无液体波动和收缩反应；并触摸卵巢的大小，有无黄体。综合判断母牛是否妊娠。

操作时应谨慎，动作要轻、快、准，以防造成流产。

3. 巩膜血管诊断

根据巩膜上有无明显清晰的纵向血管判断母牛是否妊娠。

有条件时，可练习超声波诊断仪诊断妊娠的方法。

【实训报告】

记录检查时母牛的征状表现，判断被检母牛是否妊娠及妊娠时间。

实训四 青贮饲料、氨化秸秆、微贮秸秆的制作与品质评定

【实训目标】

掌握青贮饲料、氨化秸秆、微贮秸秆的制作要领;学会感官评定青贮饲料、氨化秸秆、微贮秸秆品质的方法。

【训练材料】

青贮窖、微贮窖、氨化池或塑料袋、尿素、发酵菌种、白糖、食盐、青贮原料、铡草机、麦秸、塑料膜、青贮料、氨化秸秆、微贮秸秆,pH 试纸、烧杯、喷壶、玻棒、蒸馏水。

【方法步骤】

(1)按前述青贮饲料制作的方法步骤,参加青贮生产实践或小规模青贮试验。
(2)对开启的青贮窖,分点取样,通过观色泽、闻气味、摸质地、测 pH 评定等级。
(3)按前述氨化秸秆制作的方法步骤,参加氨化饲料生产实践或小规模氨化秸秆
(4)对开启的氨化秸秆,分点取样,通过观色泽、闻气味、摸质地评定优劣。
(5)按前述微贮秸秆制作的方法步骤,参加微贮秸秆生产实践或小规模微贮秸秆试验。
(6)对开启的微贮秸秆,分点取样,通过观色泽、闻气味、摸质地评定优劣。

【实训报告】

(1)写出制作青贮饲料、氨化秸秆、微贮秸秆的要求、方法要领、注意事项及体会。
(2)写出青贮饲料、氨化秸秆、微贮秸秆样品的色泽、气味、质地、pH,确定等级。

实训五　牛乳密度及乳脂率的测定

【实训目标】

（1）熟练掌握乳密度测定方法。
（2）熟练掌握巴布科克氏法（简称巴氏法）和盖勃氏法（简称盖氏法）测定乳脂率的方法。

【训练材料】

1. 乳密度的测定

乳稠计（20 ℃/4 ℃），200~250 mL 量筒、50 ℃ 温度计。

2. 乳脂率的测定

（1）巴氏法：巴氏乳脂瓶、17.6 mL 专用牛乳吸管、17.5 mL 硫酸吸管、恒温水浴锅、温度计、巴氏乳脂离心机、密度 1.82~1.825 的硫酸、蒸馏水、待测牛乳。

（2）盖氏法：盖氏乳脂测定计及支架、密度 0.811~0.812 的异戊醇、1 mL 吸管、10 mL 硫酸吸管、11 mL 牛乳吸管、水浴锅、温度计、盖氏乳脂离心机、毛巾、抹布、待测乳样。

【方法步骤】

（一）乳密度的测定

（1）将温度为 10~25 ℃ 的乳样品混匀，沿 250 mL 量筒壁小心地注入至容积的 3/4 处，勿使发生泡沫，如有泡沫形成，用滤纸条吸去。

（2）3 个指头捏住乳稠计上部，小心沉入乳样中至乳稠计示度约 30 刻度处，放手让乳稠计在乳中自由浮动，切忌与筒壁接触。并沿筒壁插入温度计。

（3）静置 1~3 min 后，读取乳稠计度数，以乳表面层与乳稠计的接触点即新月形表面的顶点为准，同时读取温度计读数。

（4）根据牛乳温度和乳稠计读数，将乳稠计读数换算成 20 ℃ 时的读数（牛乳温度在 10~25 ℃ 范围内，每升高或降低 1 ℃，乳稠计读数增加或减少 0.2°）。

（5）将乳稠计读数值除以 1 000 再加 1.000 即为牛乳密度。在 20 ℃/4 ℃ 时，正常乳的密度为 1.028~1.032，平均为 1.030。

（二）乳脂率的测定

1. 巴氏法

在正常情况下，牛乳脂肪在牛乳中呈球状悬浮液存在。脂肪球外面包被一层蛋白质膜，一般比较稳定。当加入一定浓度的硫酸时，脂肪球外面所包被的蛋白质膜被碳化破坏，脂肪球从牛乳中游离出来，再加上加热和离心作用，可使脂肪球上浮凝聚，通过特殊的巴氏瓶，就可读取牛乳中的脂肪含量。

（1）用 17.6 mL 牛乳吸管吸取混匀的待测牛乳 17.6 mL，沿瓶壁徐徐注入巴氏瓶。

（2）小心地向巴氏瓶中加入密度为 1.82~1.825 的硫酸 17.5 mL，并将瓶颈附着的牛乳一并洗下；手持巴氏瓶颈顶端，平面划圆小心摇动巴氏瓶使牛乳与硫酸混合，并充分溶化，直至见不到凝乳为止，此时其颜色为咖啡色。

（3）将巴氏瓶放入专用巴氏乳脂离心机中，以 1 000 r/min 的速度离心 5 min。

（4）取出巴氏瓶，用滴管向巴氏瓶中加入 60 ℃ 的蒸馏水，使乳脂柱的顶部上浮于 6~8 的刻度线之间，此步操作要小心，以免冲散脂肪层。

（5）再将巴氏瓶置于离心机中，以 1 000 r/min 的速度离心 2 min。

（6）取出巴氏瓶，置于 55~60 ℃ 水浴锅中 5 min 后（水面需高过瓶中的脂肪层），立即读取脂肪层最高与最低点所占的格数，即为样品含乳脂的百分率。

硫酸的浓度要严格遵守规定的要求，如过浓会使乳碳化成黑色溶液而影响读数；过稀则不能使酪蛋白完全溶解，会使测定值偏低或使脂肪层浑浊。

2. 盖氏法

盖氏法和巴氏法原理相似，使用异戊醇的作用是促使脂肪析出，并能降低脂肪球的表面张力，以利于形成连续的脂肪层。

（1）用硫酸吸管吸取 10 mL 密度为 1.82~1.825 的硫酸注入盖氏乳脂瓶，注意不要沾湿乳脂瓶颈部。

（2）用 11 mL 牛乳吸管精确吸取 11 mL 牛乳，小心注入盖氏乳脂瓶中。

（3）用小吸管加入 1 mL 密度 0.811~0.812 的异戊醇，不可沾湿乳脂计颈部。

（4）盖紧塞子，用毛巾包好乳脂计，拇指抵住瓶塞，振摇乳脂计至呈均匀棕色液体，静置数分钟。

（5）将乳脂计置于 65~70 ℃ 水浴锅中 5 min，橡皮塞一端向下。

（6）取出乳脂计擦干，拧动橡皮塞调节脂肪柱在刻度内，放入盖氏乳脂离心机中。乳脂计要对称排好，加盖，拧紧螺帽。800~1 000 r/min 离心 5 min。

（7）再将乳脂计置于 65~70 ℃ 水浴锅中 5 min（橡皮塞一端仍向下，水面高过乳脂计的脂肪层）。

（8）取出乳脂计擦干，转动橡皮塞调节脂肪柱后立即读数。

【实训报告】

详细记录实训过程,将测定结果填入表 2.5.1,写出实训体会。

表 2.5.1　牛乳密度测定结果

乳样编号	乳稠计读数	温度计读数	乳温 20 ℃ 时乳稠计读数	乳样密度

实训六 泌乳曲线的绘制

【实训目标】

根据提供的资料,能正确绘制奶牛的泌乳曲线图,准确分析奶牛生产水平。

【训练材料】

两头泌乳母牛泌乳期的日产乳量记录表(表 2.6.1、表 2.6.2)、电子计算器。

表 2.6.1 ____号母牛第 2 个泌乳期日产乳量记录表(kg)

日\月	2	3	4	5	6	7	8	9	10	11
1		23.0	22.0	18.0	14.0	11.0	9.0	6.0	3.0	1.0
2		24.0	22.5	18.0	14.0	11.0	9.0	6.0	3.0	1.0
3		23.5	23.0	18.0	14.0	11.0	9.0	6.0	3.0	1.0
4	15.0	24.0	23.0	18.0	14.0	11.0	9.0	6.0	3.0	1.0
5	15.0	25.0	23.0	18.0	14.0	11.0	9.0	6.0	3.0	1.0
6	17.0	25.0	22.0	17.0	14.0	11.0	9.0	6.0	3.0	1.0
7	17.0	25.0	22.0	17.0	14.0	11.0	9.0	6.0	3.0	1.0
8	18.0	26.0	22.0	17.0	14.0	11.0	9.0	6.0	3.0	1.0
9	18.5	26.0	21.5	17.0	14.0	11.0	9.0	6.0	3.0	1.0
10	19.0	26.0	21.5	17.0	14.0	11.0	9.0	6.0	3.0	1.0
11	19.0	25.5	21.5	17.0	14.0	11.0	8.0	6.0	3.0	1.0
12	19.0	26.0	21.0	17.0	13.0	11.0	8.0	6.0	3.0	1.0
13	20.0	26.0	21.0	16.0	13.0	11.0	8.0	6.0	3.0	1.0
14	20.0	26.0	21.0	16.0	13.0	11.0	8.0	5.0	3.0	1.0
15	20.0	26.5	21.0	16.0	13.0	11.0	8.0	5.0	3.0	1.0
16	20.5	26.5	21.0	16.0	13.0	11.0	8.0	5.0	2.0	1.0

续表 2.6.1

月 日	2	3	4	5	6	7	8	9	10	11
17	20.5	26.5	21.0	16.0	13.0	11.0	8.0	5.0	2.0	1.0
18	20.5	27.0	21.0	16.0	13.0	10.0	8.0	5.0	2.0	1.0
19	21.0	27.0	21.0	16.0	13.0	10.0	8.0	5.0	2.0	1.0
20	21.0	27.0	20.0	16.0	13.0	10.0	7.0	5.0	2.0	1.0
21	21.0	25.5	20.0	16.0	13.0	10.0	7.0	5.0	2.0	1.0
22	22.0	25.5	20.0	16.0	13.0	10.0	7.0	5.0	2.0	1.0
23	22.0	24.0	20.0	15.0	13.0	10.0	7.0	5.0	2.0	1.0
24	22.0	24.0	20.0	15.0	13.0	10.0	7.0	5.0	2.0	1.0
25	22.5	24.0	19.0	15.0	12.0	10.0	7.0	5.0	2.0	1.0
26	23.0	24.0	19.0	15.0	12.0	10.0	7.0	5.0	2.0	1.0
27	23.0	24.0	19.0	15.0	12.0	10.0	7.0	5.0	1.0	1.0
28	24.0	24.0	19.0	15.0	12.0	10.0	7.0	5.0	1.0	
29	24.0	24.0	19.0	15.0	12.0	10.0	7.0	4.0	1.0	
30		23.0	19.0	15.0	12.0	10.0	7.0	4.0	1.0	
31		23.0		15.0		10.0	7.0		1.0	

表 2.6.2 ____号母牛第 5 个泌乳期日产乳量记录表（kg）

月 日	3	4	5	6	7	8	9	10	11	12
1		23.5	25.0	18.5	14.0	11.0	9.0	6.0	3.0	1.0
2		24.0	25.5	18.0	14.5	11.0	9.0	6.0	3.0	1.0
3		24.5	25.0	18.0	14.0	11.0	9.0	6.0	3.0	1.0
4		24.0	25.0	18.0	14.0	11.0	9.0	6.0	3.0	1.0
5		25.5	24.0	17.0	14.0	11.0	9.0	6.0	3.0	1.0
6		25.0	24.0	17.0	14.0	11.0	9.0	6.0	3.0	1.0
7		25.0	24.0	17.0	14.0	10.0	9.0	6.0	3.0	1.0
8		26.0	24.0	17.5	14.0	10.0	9.0	6.0	3.0	1.0
9	15.5	26.0	23.5	17.0	14.0	10.0	9.0	6.0	3.0	1.0
10	16.0	26.5	23.5	16.0	13.5	10.0	9.0	6.0	3.0	1.0
11	16.0	25.5	23.5	16.0	13.0	10.0	8.0	6.0	3.0	1.0

续表 2.6.2

月 日	3	4	5	6	7	8	9	10	11	12
12	17.0	26.0	23.0	16.0	13.0	10.0	8.0	6.0	3.0	1.0
13	17.0	26.0	22.0	16.0	13.0	10.0	8.0	6.0	3.0	1.0
14	17.0	26.0	22.0	16.0	13.0	10.0	8.0	5.0	3.0	1.0
15	17.5	26.5	22.0	16.0	13.0	11.0	8.0	5.0	3.0	1.0
16	17.5	26.5	21.0	16.0	13.0	10.0	8.0	5.0	2.0	1.0
17	18.5	27.5	21.0	16.0	13.0	10.0	8.0	5.0	2.0	1.0
18	18.5	27.0	21.0	16.0	13.0	10.0	8.0	5.0	2.0	1.0
19	19.0	27.0	21.0	16.0	12.0	10.0	8.0	5.0	2.0	1.0
20	19.0	27.0	20.0	16.0	12.0	10.0	7.0	5.0	2.0	1.0
21	19.0	26.5	20.0	16.0	12.0	10.0	7.0	5.0	2.0	1.0
22	21.0	26.5	20.0	16.0	12.0	10.0	7.0	5.0	2.0	1.0
23	21.0	26.0	20.0	15.0	12.0	10.0	7.0	5.0	2.0	1.0
24	22.0	24.0	20.0	15.0	12.0	10.0	7.0	5.0	2.0	1.0
25	22.5	24.0	19.0	15.0	11.0	9.5	7.0	5.0	2.0	1.0
26	23.0	24.0	19.0	15.0	11.0	9.5	7.0	5.0	2.0	1.0
27	23.0	24.0	19.0	15.0	11.0	9.0	7.0	5.0	1.0	1.0
28	24.0	24.0	19.0	15.0	11.0	9.0	7.0	5.0	1.0	1.0
29	24.0	24.0	19.0	15.0	11.5	9.0	7.0	4.0	1.0	1.0
30	24.0	23.0	19.0	15.0	11.0	9.0	7.0	4.0	1.0	
31	24.0		19.0		11.0	9.0		4.0		

【方法步骤】

（1）根据日产乳量记录表，计算出全期实际产乳天数、实际产乳量、全期平均日产乳量，并查出全期最高日产乳量，填入泌乳性能分析表（表2.6.3）中。

（2）累计各泌乳月的产乳量（自产犊开始，每30 d为一个泌乳月）。计算出各泌乳月的日平均产乳量（最后一个泌乳月不足 30 d 按实际天数计算），填入各泌乳月产乳量表（表2.6.4）中。

（3）用曲线法绘制泌乳曲线图。

（4）分析比较母牛的泌乳曲线图、各项数据及各自的优缺点，以确定其生产力水平。

【实训报告】

(1) 填写泌乳性能分析表(表2.6.3、表2.6.4)。

表2.6.3 奶牛泌乳性能分析表

年_____月_____日

场 别		品 种		牛 号		年 龄		岁
胎 次	第___产	产犊日期	年____月____日			干乳日期	年___月___日	
全期实际产乳天数/d				全期实际产乳量/kg				
全期平均日产乳量/kg				全期最高产乳量/kg				

表2.6.4 各泌乳月产乳量统计表(kg)

泌乳月	1	2	3	4	5	6	7	8	9	10	11	12
月累计												
日平均												

(2) 绘制泌乳曲线图。

实训七　犊牛培育方案拟订

【实训目标】

通过本次训练，使学生学会制订适合当地条件的犊牛培育方案。

【训练材料】

规模奶牛场生产现状、产犊计划、开食料配方、饲草料计划。

【方法步骤】

（1）了解犊牛的日龄和体况。

（2）确定犊牛的断乳日龄。精料条件好的地方，哺乳期一般为2~3个月；精料条件较差的地方为3~4个月。

（3）制订常乳的哺喂计划。犊牛生后第2周开始喂常乳，15 d内最好喂母乳，以后哺喂混合常乳，哺乳量为300~500 kg。

（4）确定开食料的饲喂计划。

（5）确定青绿饲料的饲喂计划。

【实训报告】

将犊牛培育方案填入表2.7.1。

表2.7.1　犊牛培育方案（kg/d）

日龄	10 d以内	11~30 d	31~45 d	46~60 d	61~75 d	76~90 d	合计
初乳							
常乳							
开食料							
干草							
青绿多汁料							

实训八 挤乳操作技术（手工挤乳、机器挤乳）

【实训目标】

掌握用具的清洗消毒、洗擦与按摩乳房、乳头药浴、手工挤乳及机器挤乳的操作方法。

【训练材料】

泌乳牛、挤乳桶、推车式移动挤乳机、水桶、温水、肥皂、毛巾、纸巾、消毒药液（常用的有碘甘油、2%~3%次氯酸钠或0.3%新洁尔灭等）、消毒杯。

【方法步骤】

（1）手工挤乳见本教材学习情景四项目四任务一"挤乳技术"部分。
（2）机器挤乳见本教材学习情景四项目四任务一"挤乳技术"部分。

【实训报告】

写出手工挤乳及机器挤乳的过程及体会。

实训九 奶牛修蹄与蹄浴

【实训目标】

了解奶牛护蹄和修蹄的重要意义，通过实际操作，掌握奶牛修蹄和蹄浴的方法。

【训练材料】

有蹄变形及蹄腐烂的成年牛若干，3%~5%福尔马林或10%硫酸铜溶液、药浴池，修蹄工具：蹄铲刀、镰式蹄刀、直蹄刀、剪蹄钳、錾子、木槌、蹄锉、烙铁、手把移动砂轮、果树剪、蹄凳、保定架等。

【方法步骤】

1. 修蹄

（1）将需要修蹄的奶牛在保定架中保定好，提举肢蹄，尽量保持牛体的平衡，将蹄放在蹄凳上，蹄底面朝上，保定系部和蹄的前后部位。

（2）先切削蹄底部，由蹄踵到蹄底，再到蹄尖。削到蹄底与地面平行为止。削时注意用手指按蹄底要有硬度，蹄底出现粉红色就应停止削蹄。切削时要一小片一小片地削，不可深削，以免伤蹄。切削蹄尖时，蹄底与蹄面易削过头，要特别注意。削变形蹄、长蹄时，可分2~3次进行。

（3）切削完毕后，将蹄缘锉齐，再将内外蹄的蹄尖磨圆、锉齐，以免伤到乳房、乳头。

2. 蹄浴

拴系奶牛并清除趾间污物，将药液直接喷洒到趾间和蹄壁。散养奶牛在挤乳厅出口处修建药浴池（长×宽×深=5 m×0.75 m×0.15 m），池底面要防滑。池中灌注3~5 L福尔马林+100 L水或用10%硫酸铜溶液。2~5 d换一次药液。每月药浴一周，当药浴池留有奶牛粪便时，应及时更换药液。

【实训报告】

写出奶牛修蹄、药浴的过程及体会。

实训十　肉牛膘情评定

【实训目标】

掌握评定肉牛膘情的主要部位和评定要领，会初步评定肉牛的膘情。

【训练材料】

肥育度不同的牛若干头，肥育度评定标准。

【方法步骤】

1. 目　测

绕牛一圈，仔细观察牛体各部位的发育情况。重点是体躯的宽窄深浅，腹部状态及尻部、大腿等处的肥满情况。

2. 触　摸

结合目测，用手探测颈、垂肉、下肋、肩、背、腰、肋、臀、耳根、尾根和去势公牛的阴囊等部位的肉层厚薄、脂肪蓄积的程度。具体方法是：

（1）检查下肋：以拇指插入下肋内壁，其余四指并拢，抚于肋外壁，虎口紧贴下肋边缘，掐捏其厚度与弹性，确定其肥育水平，特别是脂肪沉积水平。

（2）检查颈部：评定者站于牛体左侧颈部附近，以左手牵住牛缰绳，令牛头向左转，随后右手抓摸颈部。高度肥育个体肉层充实、肥满；瘦牛肌肉不发达，抓起有两层皮之感。

（3）检查垂肉及肩、背、臀部：用手掌触摸各部位，并微微移动手掌，然后对各部位进行按压，按压时由轻到重，反复数次，以检查其肥育水平，肥者肉层厚，有充实感，瘦者骨棱明显。

（4）检查腰部：用拇指和食指掐捏腰椎横突，并以手心触摸腰角。如果肌肉丰满，检查时不易触觉到骨骼，否则，可以明显地触摸到皮下的骨棱。只有高度肥育状态下，腰角处才覆有较多脂肪。

（5）检查肋部：用拇指和食指掐捏肋骨，检查肋间肌肉的发育程度。肥育良好的牛，不易掐住肋骨。

（6）检查耳根、尾根：用手握耳根，高度肥育的牛有充实感；尾根两侧的凹陷很小，甚至接近水平，用手触摸坐骨结节，有丰满之感。

（7）检查阴囊：高度肥育的去势公牛，用手捏摸阴囊，充实而有弹性，内部充满脂肪。

如阴囊松弛，证明肥育尚未达到理想水平。

3. 评定等级

结合目测与触摸，按肉牛宰前肥育度评定标准进行等级评定。

【实训报告】

记载所评定肉牛各主要部位特征并确定膘情等级。

实训十一　牛场饲料供应计划制订

【实训目标】

能够根据牛场等实际情况，制订合理的饲料供应计划。

【训练材料】

规模化牛场的牛群基本结构、牛群周转计划、牛群生产记录、各类牛群饲料定额等资料。

【方法步骤】

（1）根据牛群的基本结构、牛群周转计划，确定各类牛的月平均饲养头数（成年母牛、育成牛、犊牛、育肥牛等）和年平均饲养头数。

（2）根据牛的生长速度、产乳量等生产水平及当地的饲料资源、该牛场上年度的饲料实际消耗情况等，确定各类牛各种饲料每月消耗量。

（3）合计各种饲料年需求总量。

【实训报告】

填写饲料供应计划表（表2.11.1）

表2.11.1　牛群全年饲料供应计划（kg）

项目	月份	1	2	…	11	12	总计
公牛	平均饲养头数						
	各种饲料计划供应						
成年母牛	平均饲养头数						
	各种饲料计划供应						

续表 2.11.1

项目	月份	1	2	...	11	12	总计
育成牛	平均饲养头数						
	各种饲料计划供应						
犊牛	平均饲养头数						
	各种饲料计划供应						

附 录

附录I 宣汉黄牛鉴定标准

DB51/T962—2009 宣汉黄牛

发布机构：四川省畜牧食品局　发布时间：2009年01月01日

前言

为适应市场经济发展，进一步推动宣汉黄牛的标准化进程，特制定本标准。

本标准按照GB/T1.1-2000《标准的结构和编写规则》和GB/T1.2-2002《标准中规范性技术要素内容的确定方法》编制。

本标准由四川省畜牧食品局提出并归口。

本标准由四川省质量技术监督局批准。

本标准起草单位：四川省畜禽繁育改良总站、宣汉县畜牧局、达州市畜禽品种改良站。

本标准主要起草人：王建文、赵益元、桂成、赵纯超、李强、杨青山。

1 范围

本标准规定了宣汉黄牛的品种特征特性和等级划分。

本标准适用于宣汉黄牛的品种鉴定和种牛等级评定。

2 品种特征特性

2.1 特性

宣汉黄牛属四川优良地方品种，对山区有良好的适应性，具有性情温驯、产肉量高和肉质细嫩的优良特性。

2.2 体型外貌

宣汉黄牛体躯紧凑细致，被毛细而稀短，毛色以全身黄毛为主。角型以角尖向上向前弯曲的"照阳角"为主。前躯发育良好，胸深。中躯较短，结实紧凑；背腰平直，腹大不下垂。尻部较长略斜。四肢细长，蹄质坚实。公牛头粗重，颈粗短，垂皮发达，鬐甲高而丰满。母牛头清秀，颈较细长，鬐甲低而薄。

2.3 生产性能

2.3.1 生长发育

公犊初生重13 kg～15 kg，母犊初生重14 kg～16 kg。6月龄公犊体重80 kg～95 kg，平均日增重442 g；母犊体重70 kg～84 kg，平均日增重394 g。1岁至4岁公牛平均每年增重59.7 kg，母牛平均每年增重51.8 kg。

2.3.2 产肉性能

在农户饲养条件下，成年公牛体重330 kg～380 kg，屠宰率51%～53%，净肉率40%～42%；11肋骨肌肉样含蛋白质19.0%～22.4%、脂肪5.1%～7.5%、灰分1.3%～1.4%。成年母牛体重290 kg～332 kg，屠宰率44%～50%，净肉率35.5%～45.3%；11肋骨肌肉样含蛋白质

19.0%~22.3%、脂肪 3.9%~8.3%、灰分 1.1%~1.4%。

2.3.3 繁殖性能

性成熟年龄 12 月龄~18 月龄。公牛初配年龄 24 月龄，母牛初配年龄 24 月龄~30 月龄。母牛一年四季均可繁殖，发情周期平均 22 d，妊娠期平均 281 d，一般三年产犊 2 头，犊牛成活率 98%。

附录 A 体尺体重测量方法

A.1 测量用具

测量体高用测杖，测量体斜长和胸围用皮尺，称重用磅秤。测量前须校正测量用具。

A.2 测量姿势

测量体尺时，让牛只自然站在平坦地上，前后肢和左右肢分别在一直线上，头部自然前伸，头颈与背线呈一直线。

A.3 测量部位

体高：鬐甲最高点到地面的垂直距离。

体斜长：从牛左侧肩端前缘到坐骨结节后缘。

胸围：在肩胛骨后缘量取牛胸部的垂直周径。

A.4 称重

早上饲喂前称重（母牛应空怀）。不具备称重条件时，可按下列公式估算体重：

$$w = h^2 \times b / 10\ 800$$

式中　w——体重，单位为千克（kg）；

　　　h——胸围，单位为厘米（cm）；

　　　b——体斜长，单位为厘米（cm）。

附录 B 宣汉黄牛图片

图 B.1　宣汉黄牛公牛

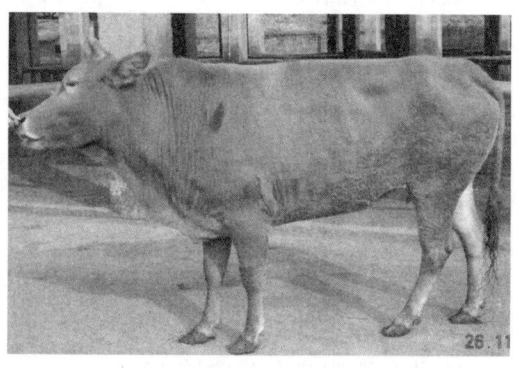

图 B.2　宣汉黄牛母牛

附录 II 蜀宣花牛

图 1 蜀宣花牛公牛

图 2 蜀宣花牛母牛

蜀宣花牛品种特征特性

1 特性

蜀宣花牛属乳肉兼用型新品种。具有生长发育快、乳用性能好、肉用性能佳、抗逆性强、耐粗饲、适应我国南方高温高湿和低温高湿的自然气候及农区粗放饲养管理条件等特性。

2 体型外貌

"蜀宣花牛"体型外貌基本一致。毛色为黄白花或红白花,头部、尾梢和四肢为白色;头中等大小,母牛头部清秀;成年公牛略有肩峰;有角,角细而向前上方伸展;鼻镜肉色或有斑点;体型中等,体躯宽深,背腰平直,结合良好,后躯较发达,四肢端正结实;角、蹄以蜡黄色为主;母牛乳房发育良好。

3 生产性能

3.1 生长发育

"蜀宣花牛"公、母牛出生重分别为 31.6 kg 和 29.6 kg;6 月龄公、母牛体重分别为 149.3 kg 和 154.7 kg;12 月龄公、母牛体重分别为 315.1 kg 和 282.7 kg。成年公、母牛体高分别为 149.8 cm 和 128.1 cm,体斜长分别为 180.0 cm 和 157.9 cm,胸围分别为 212.5 cm 和 188.6 cm,管围分别为 24.3 cm 和 18.6 cm。

3.2 生产性能

"蜀宣花牛"第四世代群体平均年产奶量为 4 480 kg,平均泌乳期为 297 d,乳脂含量 4.16%,乳蛋白含量 3.19%。公牛 18 月龄育肥体重平均达 499.2 kg,90 天育肥期平均日增重为 1 275.6 g,屠宰率 57.6%,净肉率 48.0%。

3.3 繁殖性能

"蜀宣花牛"母牛初配时间为 16-20 月龄,妊娠期 278 d 左右。

参考文献

[1] 中国家畜家禽品种志编委会. 中国牛品种志[M]. 上海：上海科学技术出版社，1988.

[2] 四川家畜家禽品种志编委会. 四川家畜家禽品种志[M]. 成都：四川科学技术出版社，1987.

[3] 秦巴山区家畜家禽及经济动物品种志编委会. 秦巴山区家畜家禽及经济动物品种志[M]. 北京：中国农业科技出版社，1990.

[4] 邱怀. 牛生产学[M]. 北京：中国农业出版社，2004.

[5] 兰海军. 养牛与牛病防治[M]. 北京：中国农业大学出版社，2011.

[6] 杨效民，贺东昌. 奶牛健康养殖大全[M]. 北京：中国农业出版社，2011.

[7] 左福元. 轻轻松松学养肉牛[M]. 北京：中国农业出版社，2010.

[8] 张申贵. 牛的生产与经营[M]. 北京：中国农业出版社，2010.

[9] 李文华. 现代养牛实用技术[M]. 北京：中国农业出版社，2011.

[10] 郭安国. 肉牛标准化养殖技术[M]. 武汉：湖北科学技术出版社，2010.

[11] 毛永江. 肉牛健康高效养殖[M]. 北京：金盾出版社，2009.

[12] 陈有亮. 牛产品加工新技术[M]. 北京：中国农业出版社，2002.

[13] 王玉田. 畜产品加工[M]. 北京：中国农业出版社，2012.

[14] 王淮，付茂忠，易礼胜，等. 四川乳肉兼用年群体的泌乳性能研究[J]. 中国牛业科学，2006.

[15] 曹冶，王淮，赵素君，等. 利用RAPD引物对四川乳肉兼用牛及其父母本的遗传距离鉴定[J]. 西南农业学报，2009.

[16] 王淮. 西门塔尔牛改良宣汉黄牛的效果[J]. 四川畜牧兽医，1991.